看過上萬人腦部影像的名醫
教你將天賦才華發揮到120%的關鍵

左撇子的〔隱形優勢〕

加藤俊德——著　陳聖怡——譯

前言——我是天生的左撇子，才會成爲獨一無二的腦內科醫師

我是天生的左撇子。

據說左撇子的比例，大約占了全人類的十%。

我從事大腦研究至今已有數十年，所以我能自信滿滿地宣稱「**左撇子是十人當中只會出現一人的超強者**」，但我從小時候開始，總是覺得「我跟別人好像不太一樣」。

我是在三歲時，發現自己的右手不像其他小孩一樣靈活。

我和奶奶去參加親戚的法事時，曾被人指出「這孩子是左撇子啊」，大

家聚在一起吃飯時，「這孩子是左撇子」也成了必定出現的慣用句。

不知從何時開始，每到大家用餐的時間，我就會端著飯菜坐到角落，不想讓人看見我吃飯的樣子。

如今我分析自己後，才發現我之所以能在無意識中感受周遭的環境，即使距離很遠也能感應到對方的狀況，都是因爲受到當時的記憶和左撇子的習慣影響。

左右手會引發不同情緒

難道我就沒有辦法靈活運用右手嗎？

當年只是個孩子的我絞盡腦汁，從還不會寫字的四歲開始，就拜託父母讓我去上書法班，學習用右手寫毛筆和鋼筆。

練習中最辛苦的，就是手指頭的力道控制。

雖然只要臨摹範本就能寫出文字的形狀，但右手的指頭力道控制，儘管可以觀察老師的手，卻又無法簡單做到一模一樣。

更何況，用毛筆和鉛筆寫字時的停頓、上鉤的力道控制有很大的差別。因此，我不只是要注意右手指頭的力道控制，還要同時仔細注意慣用手左手的感覺。

可能是因爲養成注意雙手的習慣，我發現用右手做事和用左手做事時的情緒也大不相同。

當我用左手時，動作靈敏且毫不遲疑，但用右手時就變得十分愼重且細心，所以我在國中時代畫圖時，都會分別運用左右手，將雙手的感覺都磨鍊得非常敏銳。

瞬間掌握問題的核心

我以前有「音韻障礙」，在出聲朗讀文章時常常會結巴，總是跟不上小學課堂的進度，在二年級通知單上的五階段評價中，我老是只拿到二或三的評價。

因此，我心想：「既然我書念得不好，那不如就變成新潟縣最強的運動高手吧！」然後滿腔熱血開始自主進行體能訓練。

我在國中加入籃球隊，加上只是有樣學樣的自主訓練，居然也能在柔道比賽上把大人摔出去，拿到初段黑帶，也在地區大賽上得獎。

我在運動時只靠雙眼觀察，學習動作的效率就能火速提升，那是因爲我**培養出能用雙眼找出動作的重點、牢記起來並應用於自身的能力**。

國中三年級的夏天，我在全縣田徑大賽前夕練習起跑衝刺時，發生了一件事。

當我往前屈身準備就位時，突然感覺到「頭好重」，頓時腦內靈光一閃：

「身體的動作不就是大腦做出的指令嗎？」

這一瞬間令我大爲震驚，驚覺自己「鍛鍊了身體，卻沒有鍛鍊腦子」。

於是此時我終於確定：如果要解決「爲何我不能像大家一樣靈活運用右手？」「我是不是跟大家不一樣？」這些我從小一直都有的疑問，就必須學習大腦相關知識。

我在大賽上拿到了推鉛球冠軍，但站在頒獎臺上的時候，滿腦子想的已經是將來要做的事。

「我接下來要考進醫學系，研究大腦。」我對自己發誓。

這股意志直到我升上高三，老師在畢業前的升學輔導中告訴我「學校現在就可以推薦你進入國立大學的體育學系」，也未曾動搖。

腦科學上「超強」的左撇子

我憑藉運動養成的學習速度，在我成爲醫師後，也同樣發揮在自學的效率上。在我成爲小兒科醫師第二年，第一次寫的英語論文登上了放射線學的權威期刊《Radiology》。

我在學生時期總是念不好的英文，畢業後只花了兩年便成功克服，我也將成年後依然可以克服障礙的英語學習方法整理出書《巧用腦科學，學英語快一倍》。

我當醫生第二年任職的醫院裡，有當年全世界僅有幾台的ＭＲＩ（Magnetic Resonance Imaging，磁振造影）儀器。ＭＲＩ是利用強大磁力，從多種角度拍攝人體內部狀況的醫療儀器。

因爲我當上小兒內科醫師，才有機會爲病患拍攝ＭＲＩ並進行診斷，可以透過影像親眼看見大腦狀態與人類成長的關聯，以及過去的醫學書籍根本沒有提到的事實，令我沉迷到廢寢忘食。

我夜以繼日使用ＭＲＩ來研究腦部，在三十歲時發表了ＭＲＩ大腦網路活動影像法。同一時期，我也發明了用近紅外線來偵測腦部活動的「fNIRS法」，如今全球已有七百多所的大腦研究設施採用這個方法。我從「想要更了解大腦！」的十四歲開始，花費十五年才終於得到可以解釋腦部實況的方法，掌握了其中的眉目。

之後，我接受美國明尼蘇達大學放射醫學部的邀請，出國深造大腦研究，歸國後的現在，我以腦科學家和ＭＲＩ腦部影像診斷專家的身分，運用我獨創的「腦區」概念，從兒童到老年人、診斷治療各年齡層人士的腦部狀態（關於「腦區」的概念，會於32頁詳細說明）。

可以透過影像觀察腦部時，我首先探索的就是左撇子和右撇子的腦部差異。

第10頁是掃瞄左撇子和右撇子運動系統腦區的ＭＲＩ水平剖面影像，掌管手部動作的腦區是呈現門把的形狀。從剖面可以看出，右撇子的左腦門把形狀較大，左撇子的右腦門把也比另一側要大。

單純比對這兩張腦部影像，即可判斷右撇子和左撇子的腦部結構差異。

隨著對腦部差異的認識，我也一併了解到我**過去因左撇子身分而抱持的疑問和自卑，全都只是因為腦部的成長機制不同而已**。

◆ 左撇子（上）和右撇子（下）的 MRI 腦部影像

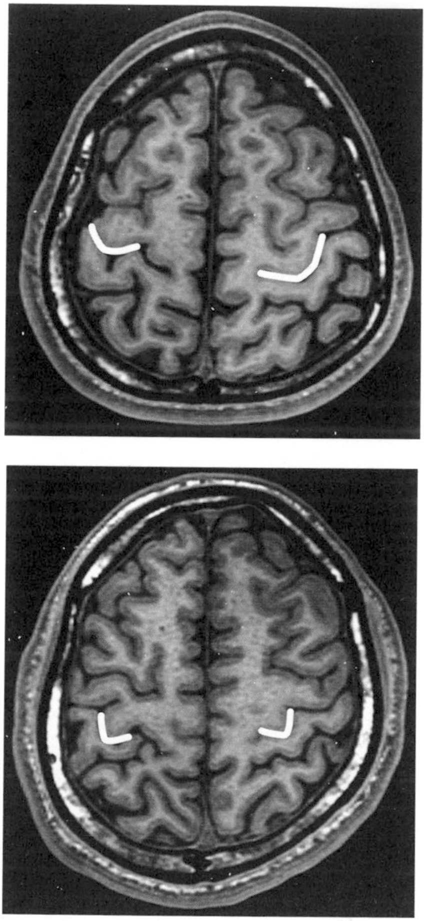

※白線部分是驅動手部的腦內部位，右腦會對左手、左腦會對右手發出動作的訊號

左撇子不但用不好剪刀等工具，還擁有異於他人的感性和獨特的見解，連生活態度也與衆不同。

這些左撇子會產生的怪異感覺，全都是源自於腦部的結構不同。

在我了解到腦部的差異以後，便開始覺得右撇子有右撇子的個性、左撇子有左撇子的特色，只要各自發揮所長就好了。

進行自我分析後，我才察覺正因爲我是左撇子，所以才具備特殊的身體感覺和視覺分析能力，並藉由這些特性，成爲能夠用腦部影像來診斷疾病，甚至還能分辨當事人的優點、缺點、性格、思考模式的全球第一位腦內科醫師。

而且，擁有這種特殊能力的人，並不是只有我而已。

從腦科學的角度來看，左撇子擁有不同於多數人的特性，是「超強」的一群人。

因此，這本書就要從腦科學的觀點，毫無保留地告訴大家左撇子的厲害之處。

我之所以能夠以左撇子的身分盡情發揮所能，是因為距離我當初產生「想要更了解大腦！」的念頭並投入研究，已經將近三十年。

我希望全世界的左撇子，以及育有左撇子小孩的家長，都不需要再白費心力，現在就能馬上了解左撇子的「厲害之處」。

然後，我希望這些人都可以全力喚醒左撇子的潛在能力！

這就是本書蘊含的最大心願。

目錄 contents

第一章 超強「直覺」

——靈光一閃，人生就會好轉

第三章　超強「緩衝思考」
——多一道程序就能加強腦力

第四章　成為「最強左撇子」

序章

左撇子有何優勢？

◆ 大腦簡介

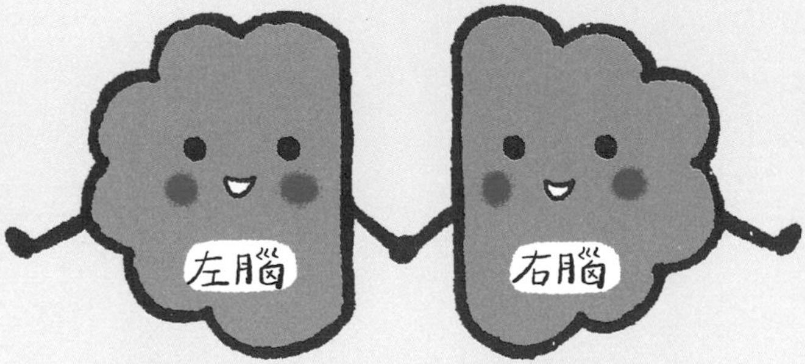

左腦	右腦
・具體執行	・醞釀幹勁
・產生自我情感	・領會別人的情感
・產生語言	・注意周遭的狀況
・藉由詞語來理解	・記憶他人的樣貌
・記憶詞語	・不需詞語也能理解

爲什麼有慣用側之分？

在寫字、刷牙，或使用剪刀、剪指甲的時候，我們會率先使用的都是「慣用手」。

對大多數人來說，還有「方便踢球的腳」「爬樓梯時先踏出去的腳」這些「慣用腳」。

另外還有慣用眼、慣用耳、慣用下巴等，人類的身體凡是有左右兩側的部位，下意識經常使用的那一邊就是「慣用側」。

當你在窺看望遠鏡之類的小孔時，是不是幾乎都用同一隻眼睛在看呢？人會以「慣用眼」爲軸心，用另一隻眼睛來輔助觀看事物。

打電話的時候也一樣，你是不是都用同一邊的耳朵來聽電話呢？

應該也有不少人會下意識用左邊或右邊、比較方便咀嚼的那一邊臼齒來咀嚼食物吧。

這種慣用側，推測是從人類開始能用雙腿步行以後養成的習慣。

人類會直立步行後，雙手得以自由運用，可以分開做出瑣碎的動作。**左右手分工合作，人類才有能力高效率同時處理不同的事情**。

比方說，我家養的寵物狗狗，不知道從何時開始覺得在我吃飯的時候牠就可以得到零食，所以每次都會站在我的右邊、不斷汪汪叫著催我給零食，我只好左手拿著筷子、右手拿出小顆狗飼料餵牠吃（順便一提，我左右手都可以拿筷子吃飯）。

「你要看著牠的眼睛啊。」「我的手有長眼睛啊。」我常常會這樣隨口亂回應家人的話，運用雙手和狗狗一起享受吃飯的時光。

另外，**慣用側也有助於減輕腦部的負擔**。

舉例來說，當我們快要跌倒或遭到某些東西襲擊、處在危急狀況下，就會立刻伸出慣用手保護自己，像這樣只要決定好身體動作的優先順序，就能減少多餘的動作、提高迴避危險的機率。

也就是說，**慣用側可以加快腦部的處理速度**。

如果日常的動作也能事先用左右分擔各種功能的話，大腦就不必每次都要下指令了。

基於這些理由，會在無意識中主要活動的慣用側，應該存在於身體的各種部位。

人類會隨著生活型態的變化而養成慣用側，腦部功能在遺傳上和後天都能夠逐漸改變，這個事實真的非常有意思。

腦科學小故事

除了人類以外的脊椎動物也有慣用側

根據研究報告，現在絕大多數的脊椎動物都有行為上的左右差異。青蛙、雞、魚等動物，對於從左側靠近的掠食者，都能更快速地反應；但另一方面，在處理物品時，卻有偏右側的傾向。雖說像這樣有左右偏向，但也有大約10～35%的個體與一般偏向逆向。

目前的研究已經發現，左右慣用手的比例差異，會使人的腦部功能偏向右腦或左腦，但證據還不夠充分。

吉蘭達．S和瓦洛帝加拉．G（2004）〔注1〕主張，傳統上假設這是為了刪除多餘且重複的神經傳導，才會出現這種差異，但這個現象僅限於個人範疇，無法套用到群體。換言之，左右差異基本上可能是在「社會性」的選擇壓力下進化而來，人在群體中如何選擇自己的慣用側，是一個非常有趣的問題。

左撇子和右撇子是遺傳嗎？

從日本的人口總數來看，左撇子的比例大約有十%。

那麼，左撇子和右撇子是如何決定的呢？

關於決定慣用手的因素，有好幾種說法。

首先是人類的心臟偏左側，所以需要在保護自己要害的同時用右手作戰，所以右撇子才會越來越多。

另一個是環境因素，因爲早在石器時代就已經有很多右撇子，才做了很多右手使用的工具。

還有個說法是人類爲了運用更複雜的工具來打獵，開始需要透過語言溝通交流，於是屬於語言腦的左腦較爲發達的人，才會經常運用可以控制左腦動向的右手。

爲何在人類進化的過程中右撇子越來越多，目前還沒有找出確切的原因。

不過，我認爲決定右撇子和左撇子的主因，多半是取決於基因的影響。

根據麥克麥納斯．I．C和布萊登．M．P在一九九二年〔注2〕的統計結果，**雙親都是右撇子的話，孩子是左撇子的機率只有九．五%。右撇子配左撇子的父母，則是有十九．五%的機率生出左撇子；而父母都是左撇子的話，孩子有二六．一%的機率是左撇子。**

實際上我的家人也是，我的兒子是左撇子，妹妹的兒子也是左撇子，感覺得出來有左撇子的家庭比較容易生出左撇子的孩子。

但是，現在尙未發現可以決定慣用手的基因。

不過，目前已經慢慢證實**左撇子擁有特定的基因群組**了。

◆慣用手的家譜圖

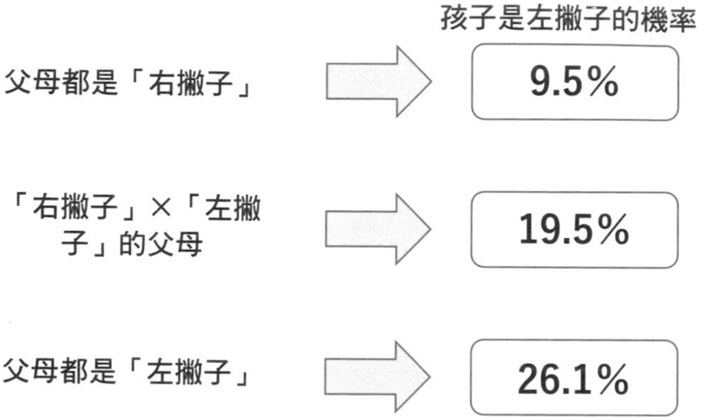

應該有不少人在孩提時代是左撇子，卻被迫矯正成右撇子吧。我原本也是左撇子，曾有一段時期很討厭自己無法跟別人一樣任意活動右手，所以才自己學會使用右手。

總而言之，**現階段已經可以得知，決定慣用手的因素除了遺傳以外，還有出生後的環境影響。**

左撇子是天才？還是怪胎？

左撇子經常給人一種印象，那就是「天才」。

應該也有很多左撇子，都曾經被右撇子的人說過「你是左撇子？那你很聰明吧？」之類的話。

那麼實際上，左撇子眞的是「天才」嗎？

哲學家亞里斯多德、愛因斯坦、愛迪生、達爾文等號稱「天才」的偉人，據說都是左撇子。

而莫札特、李奧納多．達文西、畢卡索等世界著名的藝術家，似乎很多也都是左撇子。

近代的企業家比爾．蓋茲和前美國總統歐巴馬，也是左撇子。

我認爲這些左撇子的偉人，很多都在右撇子社會裡扮演了革新的角色。

正因如此，眾人才會稱他們是出類拔萃的「天才」吧。

我們就從腦科學的觀點，來試著思考一下很多左撇子都是「天才」的原因吧。

首先有個前提，**慣用手不同，用腦方法也會不同**。

詳情會在37頁說明，簡單說就是左撇子的右腦較發達，右撇子的左腦較發達，而右腦和左腦的作用不同。

這是因爲**即使在日常生活中以同樣的方式經歷同一件事，右撇子和左撇子也會有感受上的不同。只要輸入大腦的方式不同，輸出的內容自然也不會一樣**。所以，**左撇子的想法當然會和大多數人有落差**。

左撇子有絕佳的腦部平衡感！

還有，經過多種研究證實，**左撇子的腦部比右撇子「左右差距更少」**。

這就意味著**左撇子的腦部可以保持極佳的平衡**。

天生就是少數派的左撇子，被社會賦予了「要像右撇子一樣行動」的任務。

明明就沒辦法靈活運用右手，卻必須使用右撇子用的工具，或是經常遇到必須思考「該怎麼做才會成功」的狀況，**左撇子是為了能夠舒適地活下去，才不得不像「天才」一樣用腦**。

從比例上來看，會這樣用腦的人，每十人當中只有一人。

我認爲**「左撇子很多都是天才」這句話最大的根據，就是左撇子不受限於這十分之九的龐大框架中，有自己的一套用腦方法**。

左撇子容易感受到「格格不入」

左撇子是有一套獨特用腦方法的「超強」人士。

但是，因爲他們擁有異於群眾的個性，所以其中不少人會覺得自己與周遭「格格不入」。

現在的社會，是塑造成右撇子適用的規格。

像是剪刀、舀湯用的大湯勺等工具，左撇子都不易使用，這些物理上的不方便，幾乎所有左撇子都曾經歷過。

而且，左撇子在思考方式和行動上，也會覺得自己「好像怪怪的」。

這和「左撇子天才很多」的原因相同，**因為用腦的方法不同，身邊的人會覺得他們比較有個性，擅長的事也不太一樣**。

接下來，我們就來看慣用手具體上會造成什麼樣的腦部差異吧。

腦內有八大基地——
透過腦區了解大腦的基本結構

首先，我來解釋一下基本的腦部結構。

我覺得，人類的腦部作用——可以透過「腦區」這個概念來理解。腦部的神經細胞有一千億個以上，擁有相同功能的細胞會聚集在一起、建造出「基地」。

我依照「基地」的功能，將它們當作地址一樣劃分成區域。整個腦部裡的腦區大約有一百二十個，右腦和左腦各有六十個腦區。換言之，腦內至少有一百二十種不同的作用。

爲了讓一般人也能輕易理解，我按照各個功能，大致將腦區分成以下八個系統。

・**思考系統腦區**＝負責思考、判斷事物。

・**情感系統腦區**＝負責感性和社會性，感受喜怒哀樂，孕育出情感。分布於腦內多個部位、連接在運動系統腦區背後的感覺系統腦區，會透過皮膚感覺來活化情感。

・**傳達系統腦區**＝負責說話、傳達意思的溝通工作。

・**運動系統腦區**＝負責手腳和嘴巴等所有身體活動。掌管手、腳、口、眼部動作的腦區，在運動系統中是分開的。其中一側的手腳，是由另一側的腦控制；但口部和臉部動態，則是由掌管兩側動作的兩側腦一起控制。

・**聽覺系統腦區**＝負責將耳朵聽到的言語、聲音的聽覺資訊傳入腦部。

・**視覺系統腦區**＝負責將眼睛所見的影像、閱讀的文章等視覺資訊傳入腦部。

・**理解系統腦區**＝負責理解和解釋從眼、耳輸入的各種資訊、詞語和事物。

記憶系統腦區＝負責記憶、回想。

這些分類，並不代表一個動作只由單一腦區來負責處理。

比方說，我們光是與人對話，就需要聆聽聲音用的「聽覺系統腦區」、理解詞語用的「理解系統腦區」、解讀對方表情的「視覺系統腦區」，以及表達自己想傳達的訊息的「傳達系統腦區」一起聯合運作。

◆腦區

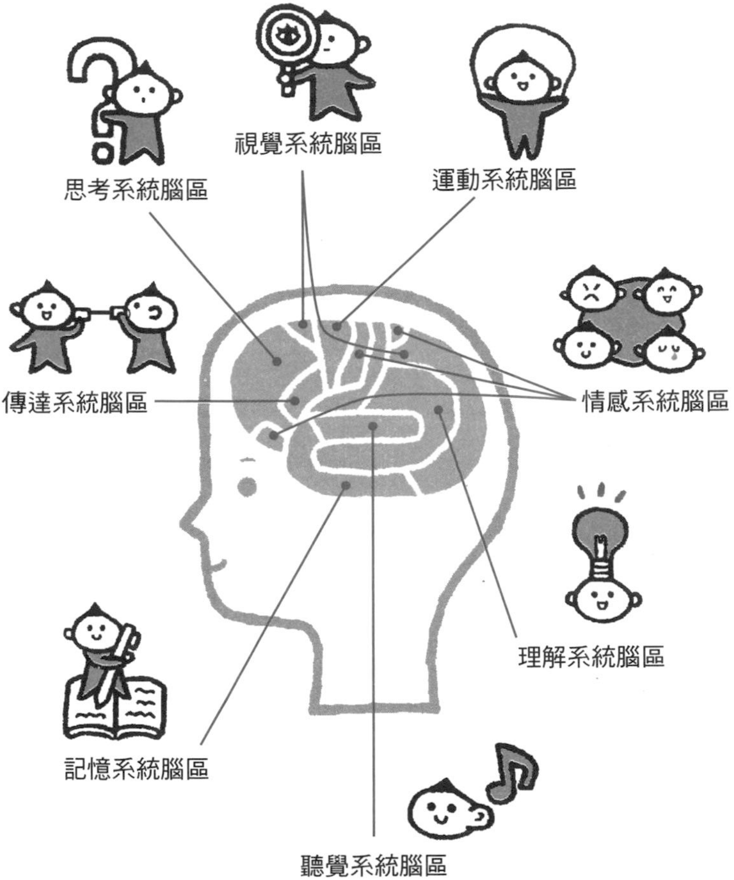
視覺系統腦區
思考系統腦區
運動系統腦區
傳達系統腦區
情感系統腦區
理解系統腦區
記憶系統腦區
聽覺系統腦區

細胞相同，但職責不同的左腦和右腦

人類的腦也和眼睛、耳朵、手腳一樣，外觀都是呈現左右對稱。

而右腦和左腦也都有著具備相同功能的腦細胞。

實際上，思考系統、情感系統、傳達系統、運動系統、聽覺系統、視覺系統、理解系統、記憶系統這八個腦區，幾乎是平均橫跨了左右腦。

但是，其實**我們的右腦和左腦會分擔不同的職責**。

比方說，同樣都是情感系統腦區，左腦會孕育出自己的情感和意志，右腦的作用則是解讀別人的情感。

而且，左腦的視覺系統腦區會讀取文字和文章，右腦則是處理圖畫、照片、影像等。

直到最近，科學家才發現左右腦的作用大不相同。

歷來的理論都認爲右腦的功能比左腦遜色，所以又稱之爲劣位半球，不過美國加州理工學院的教授羅傑·斯佩里，發現了右腦具備了比左腦更加出色的功能，並因此榮獲一九八一年的諾貝爾獎。

之後，我在一九九一年發明了新的腦科學技術（fNIRS 法），運用對人體無害的近紅外線，可以將臨床或動態的腦部活動影像化。從那時候開始，我就一直在從事「寫字時」「寶寶看著母親的臉孔時」等與人類現實生活相關的腦區研究。

結果發現，**左腦主要是負責處理語言資訊，而右腦主要是負責非語言的影像和空間認識**。

因此，右腦和左腦雖然會分別進行不同的作用，但其中也有左右對稱、會進行相同作用的腦區。

那就是**運動系統腦區**。

◆使用左手會讓右腦更發達！

右撇子是左腦運動系統腦區較發達，而左撇子是右腦運動系統腦區要更為發達。

因為右腦發出的命令會驅動左半身的肌肉，左腦則是控制右半身的動作。

同時，人使用左手時可以刺激右腦，而使用右手時可以刺激左腦。

也就是說，**經常使用左手可以活化右腦，主要活動右手的話則會讓左腦更加發達**。

人類是藉由活動雙手來發展腦部

雙手是我們日常活動時，會頻繁動用的部位。

手也是我們全身上下能夠做出最複雜動作的部位，像是抓握、敲打、翻頁、捏起小東西等。

人類的手肘到手腕之間大約有十種肌肉，手腕到指尖的肌肉種類更是前者的將近三倍之多，可以做出非常細微的動作。

而**腦部會負責對雙手肌肉下達「如何動作」的指令**。

也就是說，因爲頭腦轉得夠快，所以身體才能做出平常這些細膩的動作。

在運動系統腦區當中，十根手指分別是由不同的腦區控制。而且，運動系統腦區還與其他七個腦區相連。

舉例來說，只是用筷子夾起小東西的動作，視覺系統腦區會爲了掌握夾取的對象而作用，也會刺激到實際驅動手部的運動系統腦區，和記憶筷子用法的記憶系統腦區。

想要摘下高大樹木上的果實時，會用視覺系統決定選哪一顆果實，再用思考系統思考該如何摘下來。

當理解系統推測出「應該可以用長棍棒敲下來吧？」以後，才會實際運用運動系統拿樹枝敲打看看。

人就是像這樣運用雙手來行動，動用到許多腦區，使腦部更加發達。

語言系統和非語言系統——左腦和右腦的擅長領域

右腦和左腦的職責雖然不同，但是對左撇子來說最重要的，是他們有很高的比例是**右腦負責處理非語言資訊，左腦負責處理語言資訊**。

某項研究指出，右撇子大約有九六％的人是用左腦處理語言資訊；相較之下，左撇子約有七三％、雙手併用的人則是有八五％的人用左腦處理語言資訊。〔注3〕

可見**不論是左撇子還是右撇子，有七成以上的人都是用左腦處理語言**。

換言之，右撇子用右手寫字時，會運用左腦的運動系統腦區，同時用左腦的傳達系統腦區孕育出詞語，所以會用到左腦的神經網路。

另一方面，大多數左撇子與右撇子相比，是用右腦驅動左手，同時用左腦處理語言。**如果不同時使用左腦和右腦兩方的神經網路，就無法寫出文章。**

因此，左撇子爲了運用兩邊的腦子，往往會有**花較多時間用詞語整理思緒的傾向**。

右撇子常用右手刺激擅長語言處理的左腦，但左撇子不同，左撇子主要是驅動處理非語言資訊的右腦。

左撇子將自己想說的事轉換成詞語來表達時，所使用的腦部迴路會有點拐彎抹角。

而且，他們往往會在自己想說明的事情圖象和詞語連接起來以前，就下意識脫口而出了，所以他們講的話聽起來會跟周圍有點脫節。

現代人主要是用詞語來溝通交流，因此這也算是跟左撇子平常感受到的格格不入有關。

◆左撇子的對話會用到左右腦！

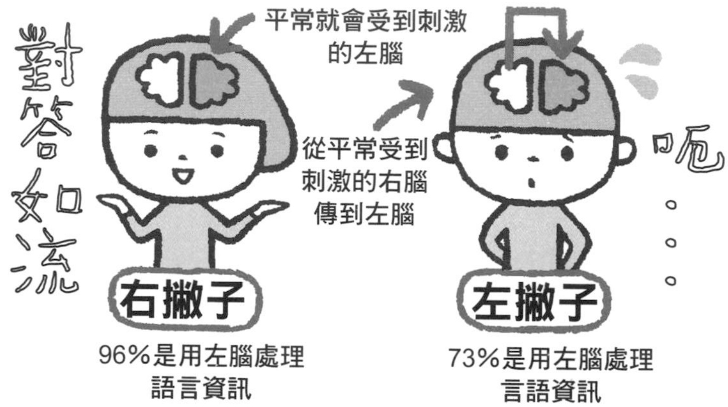
對答如流
平常就會受到刺激的左腦
從平常受到刺激的右腦傳到左腦
右撇子
96%是用左腦處理語言資訊
呃……
左撇子
73%是用左腦處理言語資訊

⇨ 能言善道的左撇子很少見？

或許，也有一些左撇子會因爲說話不流暢而感到自卑。

但是，右腦也有右腦擅長的領域。

換句話說，**本書接下來要介紹的內容，就是每十人中只有一人、右腦較為發達的左撇子才有的自我認同。**

左撇子是大器晚成型

人類的腦部發展，有依年齡之分的旺季。

剛出生的嬰兒不久後就會開始擺動手腳，進入發展運動系統腦區的旺季；然後看見進入視野裡的父親、母親的臉孔，進入發展視覺系統腦區的旺季。

接下來，人在還不會說話的幼兒時期，會先活潑地動用右腦。一過了六歲，培育管理語言功能的左腦的時期就會到來。

不過，**右撇子和左撇子培育左腦的時期，有些微的誤差**。

右撇子會透過運用右手，隨時隨地驅動處理詞語的左腦，所以能夠順利地切換到左腦優位的狀態。

然而，左撇子當中有幾成的人，無法輕易從右腦優位的狀態切換成左腦，所以一開始很難妥善運用詞語。

但是不必著急。

大人往往會在孩子身上加諸「語言越早學越好」的巨大價值觀。他們認爲，若自己的孩子能比其他小孩更早開口說話、寫出文字，那就代表孩子很優秀，值得慶幸。

可是，如果孩子在小時候是左腦比較發達，往後的人生就鮮少有機會鍛鍊右腦，右腦會變得不易培育。

而且，**左撇子在處理語言時，多半都會同時運用左腦和右腦**。

也就是說，**在左腦發育的旺季時期，他們不只是集中運用左腦，右腦也會一併運用**。

這也是他們不善於用字遣詞的一個原因。

不過，只要換個觀點，**也可以說左撇子是以自己的步調同時慢慢培育右腦和左腦，屬於大器晚成型**。

我不只是在小學、國中，連升上高中後，都一樣不擅長讀國文。直到我成爲醫師、理解了腦部的運作，開始注重腦部的運用方法以後，才終於克服了這個障礙，能夠在臺上當眾演說，也能撰寫著作。

從孩提時期一直都在運用右腦的左撇子，左腦的成長速度可能眞的很慢。不過，我希望左撇子要有自信，相信**自己能運用的腦部範圍比右撇子更大**。

左撇子的「常識」造就超強大腦

右撇子生存在理所當然要使用右手的世界，所以並沒有注意慣用手的習慣。

但左撇子就不一樣了。

根據我的經驗，我從小時候開始，每當我寫字、用剪刀剪出圖形，做每一件事時，總是會想著大家都是用右手那樣做，那左手要怎麼做才好呢，於是漸漸會同時注意慣用手和另一隻手。

因為我是左撇子，要活動慣用手時，必須要一直費心注意慣用手和另一隻手的動作。

在我長大成爲腦科學家以後，才發覺**注意雙手可以更有效率地活化腦部**。

注意力放在手的動作上，就像是在做肌肉訓練時注意正在使用的肌肉一樣。

我們做肌肉訓練時，只要注意到自己「現在正在鍛鍊」使用中的部位，就能讓腦部和肌肉連動起來，將效果提高到最大限度。

同理，**活動手部時只要注意到自己正在使用右手，或是正在使用左手，不但可以刺激與手部相連的運動系統，也可以刺激到旁邊的感覺系統（參照32頁）等其他各個腦區**。

左撇子若要自然而然地活動慣用手，都會參考右撇子的動作，結果便可輕而易舉養成注意雙手的思考習慣。

此外，我們的雙手相較於全身，僅僅只占了約十分之一的表面積而已，但包含運動系統、感覺系統的腦部領域當中，有三分之一都是用於控制雙手和手指。

總之，就是有那麼多的大腦部位是爲了對手和手指下指令而作用。而且，

◆思考「左手該怎麼做」可以強化腦部

左手要怎麼做呢…
筷子要這樣
拿喔

腦部也會受到正在運用的身體部位刺激而產生變化。

我們**只要費心注意正在使用的那隻手，並妥善使用手和手指，腦部就會捕捉到手部動作獲得的資訊，逐漸活化。**

由此可見，**隨時都在注意雙手動作的左撇子，比右撇子更能在不知不覺中活化腦部。**

下一章開始，我會依序說明左撇子獨特的用腦方法，究竟會孕育出什麼樣的性格，以及左撇子超強的「直覺」「獨創性」和「緩衝思考」。

專欄

人類是從什麼時候才開始出現右撇子優勢？

現代人有九成都是右撇子，但人類是從什麼時候開始才變成右撇子占有優勢的呢？

有學者主張歷史上最古老的慣用手痕跡，出現在兩百萬到三百萬年前的石器上，但這件事似乎沒有獲得證實。

到了一百五十萬～兩百萬年前，考古學家在貝塚裡發現了許多左側受傷的猿猴頭蓋骨。由此可以推測，當時的人大多都是用右手握著斧頭。

之後，根據考古資料顯示，出現在大約四十萬年前、最接近現生人類的人屬動物尼安德塔人，大多數也都是用右手使用工具。〔注4〕〔注5〕

除了人類歷史以外，科學家也針對人種、民族、文化造成的差異進行調查，結果往往都是右撇子占了約九十％。

慣用手是超越時代和文化的人類特性，在歷史上，毫無疑問也是右撇子占了優勢。

但是，海外各國很少會趁孩子年幼時將他們矯正為右撇子，所以遇見左撇子的機率相當高。

老布希、比爾．柯林頓、巴拉克．歐巴馬等歷代美國總統，很多也都是左撇子，我還清楚記得自己曾經因為在美國總統的法案簽署儀式畫面上，看見他們用左手簽名的樣子，而十分感動的說：「左撇子當了總統呢。」

第一章

超強「直覺」

——靈光一閃，人生就會好轉

右腦是巨大檔案資料庫

第一個孕育出左撇子獨特用腦法的超強特性，就是「直覺」。

雖然這個說法沒有明確的根據，我也無法清楚說明，但應該每個人都會有「總覺得這個比較好」「不知爲何提不起勁」之類的感覺吧。

這種無法用言語解釋、來自大腦的通知訊息，就是「直覺」。

但是，很多人都以爲直覺只是單純的衝動或靈機一動，準確與否全憑運氣，於是並沒有充分善用它。

我覺得這樣實在太可惜了。

近年有許多研究成果發表，證明遵循直覺下判斷，比透過邏輯思考還要更容易得到好結果。

比方說，荷蘭心理學家雅普．狄克斯特霍伊斯做了一項實驗，他集結了一批足球專家和外行人，請他們預測足球聯賽的比賽結果。結果，不論是足球專家還是外行人，比起有兩分鐘的時間深思熟慮的人，反而是注意力分散到和比賽毫無關係的事情後再做判斷的人，預測更為準確。

而且，足球專家在一瞬間所下的判斷，也比花時間思考後所做的預測要更加精準。〔注6〕

由此可知，**即便是足球專家，要是花太多不必要的時間思考目標事物，就會接觸到多餘的資訊，反而會使預測的精準度下降。**

左腦和右腦處理的資訊哪裡不同？

我認為，**「直覺」是從無意識累積了龐大資訊量的腦部資料庫中，選擇精準度較高、相對更正確的資訊並導出的結果。**

這裡就來說明一下右腦和左腦處理資訊的差異。

右腦可以認識物體的形狀、顏色、聲音等差異，和感官也有密切的關聯。

至於左腦，則是處理語言資訊、計算，且具備邏輯性、分析式思考的功能。

也就是說，**右腦是全力活用視覺和感官、在無意識中累積言語以外所有資訊的龐大資料庫。**

因此，經常用左手不斷刺激右腦的左撇子，從龐大的資訊量中導出最佳解答的直覺能力格外出色。

◆ 右腦是龐大的資料庫

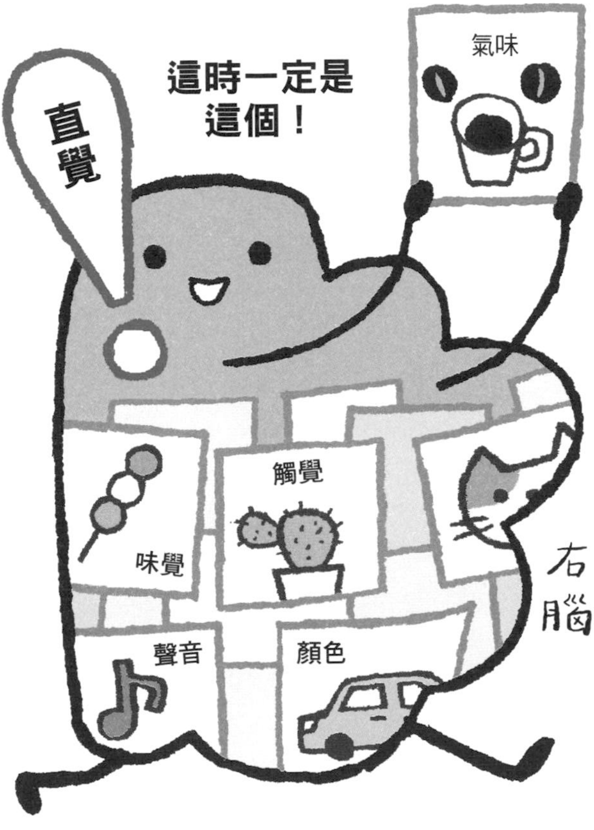

科學眞理也能用「直覺」推導出來

近年來，大眾普遍推崇邏輯思考、邏輯縝密，這在商務場合上是一種讚美之詞。

重視邏輯的人，往往都特別講究詞語的定義和選擇。

我身爲腦科學家，當然也會注重用字遣詞，以便傳達事實。

但是，這終歸是在追求科學眞理所得到的結果上，再加上詞語的表述而已。

在我這個左撇子看來，很多人都太過拘泥於詞語本身，因此錯失了直覺所帶來的好處。

因爲，直覺無法用詞語說出一套邏輯。

邏輯是任何人都能使用的準則，所以邏輯思考導出的結論，由誰來想都會是一樣的結果。

然而，在科學界遵循「假設→驗證」的步驟時，尤其是在假設的階段，會格外講求突破性的創意想法。

因此，「有沒有可能是這樣？」的假設，在大部分的場合都是依據直覺才得以成立。

畢竟，我們目前已知的理論不管再怎麼累積，終究無法推導出可以得到新發現的假設。

現在最接近眞理的理論，絕大多數在一開始也都被人當作是荒誕無稽的想法。

舉例來說，奧地利科學家孟德爾在思考爲什麼小孩會像父母時，提出了遺傳因子說，假設有傳遞基因資訊的科學物質存在，但卻飽受當時的其他科學家嘲笑。

在孟德爾死後，後世科學家終於發現了他的論文，孟德爾定律才公諸於世。

連「假設→驗證」這個乍看之下非常有邏輯性的過程，也需要直覺才能夠成立。

如果全盤否定無法用詞語說明邏輯的事物，恐怕就會畫地自限了。

近年來，我們幾乎每天都會聽到「人工智慧」和「ＡＩ」這些詞彙。但追根究底，ＡＩ想要模仿的人類腦部機制，在一九九〇年代以後才終於出現可將其活動模式影像化的技術，還正在慢慢進行研究。能像人類一樣思考的電腦，目前並不存在。

人類的直覺，是大腦等級遠遠超越ＡＩ的人類專屬的技術。

我相信，**遇到需要特別去做但卻搞不懂的事情，或是艱深困難的事情，只要好好重視直覺，就能做出正確的選擇。**

左撇子的直覺爲何這麼強？

雅普．狄克斯特霍伊斯等人的足球比賽研究，表現出當人在拿到課題後，不假思索立刻下結論的用腦方法相當重要。足球專家若是獲得充裕的時間用腦思考，這段多出來的時間就會偏重運用記憶系統腦區。

簡單來說，就是比起花時間仔細、有意識地驗證記憶，**憑著腦部瞬間感覺到的印象，更容易觸及事物的核心**。

如果能夠做到這種用腦方法，不論是誰、不論何時、不論何地，肯定都能過著充滿創意的生活。

比起花上大把時間思考，瞬間的直覺判斷，準確度要更高，這或許很接近左撇子在一瞬間判斷該用左手還是右手後、伸出其中一隻手做事的用腦方法。

這終歸是我個人的假設，不過很多左撇子都習慣用右手拿右邊的東西、用左手拿左邊的東西。

瞬間選出最有效率的作法，這種近似直覺的行為是左撇子的家常便飯，所以臨機應變的腦部結構，已經非常熟悉如何選擇左右手了。

我認爲這種時候的腦區迴路，是思考系統、**運動系統**、理解系統連成的迴路。而足球專家思考太多導致精準度下降的迴路，則是思考系統、**記憶系統**、理解系統連成的迴路。

也就是說，**運動系統腦區的輸出，比起連結腦中的過往記憶再輸出，精準度要更高**。

總之，使用瞬間連結思考系統、運動系統和理解系統的迴路，才能夠任意控制腦部。關於這個方法，後續會再詳細介紹。

左撇子的拿手絕活──靈光一閃

「我想到一個好點子了！」

「總覺得這樣做比較好。」

左撇子經常會像這樣靈光一閃，透過直覺產生各種想法。

但是，大多數的左撇子，都在沒有意識到直覺益處的狀況下長大成人。

無論是右撇子還是左撇子，在長大以前都是花一樣的時間培育腦部。

剛出生的嬰兒，在還沒有慣用手的時候，右腦會先快速發達。

然後，當他們學會了隻字片語後，左腦就會開始一點一滴慢慢發育。

在一天二十四小時內，假設嬰幼兒的睡眠時間是十二個小時，那麼右撇子和左撇子都同樣擁有剩下的十二小時。

只不過，右撇子使用右手來刺激左腦的時間比較長而已。

左撇子在同樣的十二小時內，不僅會提升右腦的功能，同時也會慢慢培養左腦的能力。

因此，左撇子有更大的機率得到寶貴的直覺能力。

我希望所有左撇子都能夠察覺這個事實。

而且，我還**希望左撇子能夠對「自己的直覺很出色」這件事更有自信**。

右撇子負責語言功能的左腦較發達，左撇子則是孕育出創意和直覺的右腦較活化，以腦部的定理來說這是理所當然的事。

人並不是因為左腦發達所以才聰明，也不是因為右腦發達所以才優秀。

右撇子、左撇子都應該了解各自的特徵和特性，彼此都要更有自信發揮自己的能力。

只要一個動作，就能大幅提高直覺的精準度

直覺其實是以自己無法意識到的超高速度，彙整搜尋腦內庫存的知識量和資訊量後，輸出所得到的答案。

總之，**要提高直覺的精準度，追根究底最重要的還是增加資訊量。**

我們的大腦，無法直接接觸外界。

因此，必須透過眼睛、耳朵、手腳等器官，將資訊輸送至腦內。

當然，**大量閱讀書籍、獲得文字資訊描述的知識，也是增加腦內資訊量的重要工作。**

不僅如此，**增加累積語言以外所有資訊的右腦資訊量，還可以磨練產生直覺的能力。**

左撇子原本就是用左手刺激右腦，會在無意識中接收言語以外的資訊。

所以只要**注重這個言語以外的資訊，並設法增加**就可以了。

比方說，就像以下這些例子。

・早晨起床替盆栽澆水時，檢查土壤的乾燥程度、每一片葉子的顏色和形狀。
・用自己喜歡的杯子沖咖啡，享受一下杯中的香氣。
・欣賞、收集漂亮和可愛的東西。
・回想一下看過的動畫角色。
・走路時尋找一下帶有色彩的物體。
・仔細凝視寵物或動物。

只要做這些事，就能夠磨練直覺。

發揮直覺的三個步驟

那麼，這裡就來介紹人人都可以發揮直覺的三個步驟。

我身為典型的左撇子，以前非常不擅長寫論文和當眾發表研究成果。如今我提起這些過往，都會有人驚呼：「醫生你居然也會這樣啊？」我究竟是怎麼克服「處理詞語」這個弱點的呢？其實非常簡單。

遇到必須開口說話的時候，我都會規定自己，要事先好好思考該怎麼說出某事，並且一定要執行。

同樣地，過去一直都沒有妥善運用過直覺的人，也可以將這裡介紹的步驟作為一套模式反覆演練，久而久之就能夠遵循直覺、做出符合自己的選擇判斷了。

直覺，無遠弗屆。

如果你還有點半信半疑，也可以用抽籤或算命的感覺，抱著玩玩的心態嘗試看看。

只要體會這個過程並持續下去，不管你是左撇子還是右撇子，都能夠漸漸找到使人生好轉的契機。

步驟① 相信自己的直覺

主動接近直覺

即使腦袋裡閃現了各種念頭，但我也有很長一段時期，只覺得「腦子裡有雜念」而置之不理。

直到我二十多歲以後，才發現直覺告訴我的事情當中，隱藏了許多啓示和眞實。

當我慢慢隨著直覺行動以後，才終於能夠肯定**「直覺會告訴我正確的選擇」**。

如果想要充分發揮直覺、邁向更美好的人生，首先要做的是相信「**人人都有直覺**」。

大多數人對於毫無前後脈絡、突然浮現的念頭，通常都會搞不清楚是什麼而直接忽略。但是，「總覺得想要〇〇」「今天就想做這些事」這些非語言的感受，正是直覺。

當腦海中浮現某些念頭時，各位不妨好奇一下「剛剛想到的那個是什麼？」先試著主動靠近它一步。

就以這種方式，從**相信直覺**、**把它當作一回事**開始吧。

試著對自己發問

在某段時期，曾經有人告訴我：「醫生，你的論文裡都沒有出現計算公式呢。」

在這之前，我從來沒有想過計算公式可以表達腦內的運作機制。

當時我已經知道，只要詢問自己的大腦，它就會以直覺的形式告訴我答案。

因此我詢問自己的大腦：「原來我的論文都沒有計算公式嗎？」

想當然爾，我的腦袋並沒有當場閃現答案給我。

但是過了一陣子後，我正不經意地分析資料並製圖時，才察覺這張圖可以用算式來表現，於是發現腦部的機制可以套用知名的歐拉公式。

我們的腦部是以運動系統為界，腦後方的聽覺系統、視覺系統、理解系統、情感系統等腦區會輸入資訊，然後從分布於腦前方額葉的思考系統、傳達系統等腦區往外輸出。

只要對大腦發問，腦部就會確實接收這個問題、更容易得出答案。

如果不先決定直覺是為何而來，大腦就無從得知這股直覺代表什麼，結果難得閃現的念頭就會像夢境一樣，在腦中轉瞬即逝、逐漸淡忘。

在極少數的情況下，腦中會出現毫無因果關係、也沒有意義的直覺，而其中的內容就暗示著未來。這種時候，我們要特意對腦中浮現的念頭詢問：

「這股念頭是什麼？」

只要開始與念頭對話，**傳達系統腦區就會產生作用，用言語或影像來抓住這股直覺，就像是設陷阱捕捉直覺一樣**。

直覺未必能夠用言語輸出、用左腦的傳達系統腦區成功捕捉。反而是非語言的直覺比較常出現，**這就是為什麼擅長用右腦傳達系統腦區捕捉直覺的左撇子擁有更強的直覺**。

前後的腦區會透過神經網路連結、互相作用，同時從腦內累積的資料中拉出最理想的答案。

此時最重要的腦區，就是右腦的傳達系統腦區。

◆ 直覺會儲存在傳達系統腦區

步驟②
寫下腦中浮現的念頭

左撇子要將直覺「語言化」

我到了三十歲以後，依然很不擅長將一閃而逝的靈光，用言語描述出來，並確認、驗證、整理成論文。

不過，我以前總是懷有跟不上右撇子的自卑感，曾經認爲只要能用言語表達腦袋裡出現的念頭，就能達到右撇子的水準。

因此，我一直都很努力將腦中閃現的念頭用言語表達出來。

自從我開始用言語表達直覺以後，我的人生就有了很大的轉變。

我不只是在自己專精的腦科學領域締造了許多成就，小時候有音韻障礙的我，閱讀的速度也突飛猛進，甚至還出版了將近一百本書籍。

左撇子大多都是預設將資訊儲存成影像，因此經常沒辦法用言語好好表現出腦中浮現的念頭。

不過，還是不要輕言放棄，試著努力看看吧。

因為，**只要有意識到將腦中的念頭從「右腦→左腦」，特意用言語表達出來，直覺就能化為形式留存下來**。

否則，好不容易在擁有龐大資料庫的右腦中閃現的直覺，就會直接埋沒在同樣浮現於腦中的其他影像裡。

很多左撇子都是透過這種語言化的過程，同時運轉左腦和右腦。如此一來，更多不同的影像會更容易湧現，直覺也會更容易不斷出現。

隨身攜帶筆記本記錄

將直覺閃現的念頭轉換成言語以後，要趁它消失遺忘以前，趕緊當場筆

◆用語言表達直覺

右腦靈光一閃　　用左腦化為語句

這樣一來，直覺就會不斷出現！

記下來。

我出門散步時的口袋裡，晚上就寢時的床邊，都隨時備有一冊筆記本，也可以用智慧型手機的筆記本記錄。

就算字寫得不夠漂亮、不夠細緻也無所謂。

隨手潦草寫一下也沒關係，總之就先將浮現的念頭寫成文字記錄，好比說以下這些例子。

「想到東北的山。」

「畫圖用的書。」

「打電話給媽媽。」

如果要寫得更短，像是「南瓜」「花束」「白色襪子」之類的也沒問題。等我們事後回頭再看時，肯定會疑惑：「我爲什麼會寫這些東西啊？」即便只花短短的三十秒也無妨，各位可以問問自己：「爲什麼會有這個念頭？」「『南瓜』是什麼意思啊？」

你或許能夠立刻得出答案，也可能要等到幾天、幾個月後才會察覺究竟是怎麼一回事。

步驟③實際驗證

用文字寫下直覺以後，就要按照內容實踐自己能力所及的事。

好比說，當你實際前往花店後，或許就會想到過幾天就是親密的朋友生日。

當你打電話給母親後，她或許就會轉告你國中同學到家裡來玩的事。

就算你覺得這只是湊巧，但只要你因此有了意想不到的際遇，就會漸漸覺得將直覺轉化成行動是一件很有趣的事。

不過，千萬不要因爲結果不符合你的期待，就覺得「什麼嘛，直覺根本就不準」而馬上放棄。

因爲，**直覺需要按照「用詞語表達→驗證」的步驟，慢慢磨練下去才行。**

我自己是利用平常看診和腦部研究來驗證直覺，這項工作已經成爲我的腦部習慣了。

接下來介紹我個人的作法。這個方法很簡單，每個人都能夠做到。

・靈感筆記本的寫法

①購買筆記本，至少準備一冊「靈感筆記本」
②「靈感筆記本」務必要分成一天一頁，標示出當天的年月日
③當腦中靈光一閃時，就馬上將內容寫進筆記本
④每週都要回顧筆記本，檢視這些靈感的內容
⑤思考這些靈感代表什麼意思

我認爲，直覺就是「指向未來的路標」。

因此，每週都要回顧靈感筆記本，並且按照以下方式來確認內容。

・靈感的檢視方法

①這個靈感已經成為現實了嗎？

②看過以後，是否還有想要補充的內容？如果有就寫上去

③如果有在意的事，那就翻閱一下舊筆記，檢查看看以前是否也曾經寫過類似的事

④思考一下這個靈感是否有用處

之所以需要檢視，是因為我們有時候會把自己單純的妄想和願望誤當成是直覺。但是，只要不斷反覆做好靈感筆記本，妄想和毫無意義的直覺就會越來越少，精準度會慢慢提升。

直覺在未來也有幫助

有時候也應當依照腦中閃現的靈感立即行動，不過，直覺會超越時空限制，未必意味著最接近現在的未來。而且，在過去不同的日子所產生的直覺，日積月累後也可能會合而為一。

好比說，直覺可能是關於十年後的啓示。

我在美國研究大腦時，全心全意專注於探索眼前的事物，根本沒有餘力對別人講授學問。

然而有時候，我的腦中會三番兩次閃現「向眾生說法」的念頭。

後來的十年間，我平均每年都有將近一百場演講活動。

此外，我同樣在腦中閃現了「開個公司比較好」的念頭，而實際上在八年後的二〇〇六年，我設立了大腦學校股份有限公司。

直覺偶爾也會在三十年後才成為現實。我還是醫學系大二生時，和同學在校慶開了一個取名叫未來醫學的算命攤位，結果排出了兩百人以上的人龍。

這場醫學系的校慶活動目的並不是算命，而是製作未來預防醫學的簡章分送給大家。簡章內容是出於當時才二十一歲的我的直覺，目標是開創讓健康的人和病人都可以更進一步提升能力的腦醫學。

直到二〇一三年，我開設了加藤白金診所，花了大約三十年才實現了我二十一歲靈光一閃的念頭。

不過，也有些直覺令人難以置信。我在門診第一眼看見某位病患時，就覺得慘了，爲了找出原因，我決定立刻讓他住院。

之後，那位病患在辦住院手續時突然昏厥，多虧有這股直覺，我才能及早處置。

由於我曾經像這樣靠直覺拯救了患者，雖然很不得體，但我年輕時每天都在工作中滿懷期待地驗證自己的直覺，體會直覺醫療有多麼厲害。

我投入腦部影像診斷的原因，有很大一部分是因爲可以更正確地驗證直覺的精準度。

持續驗證、提高準確率

在日常生活當中，也可以輕易驗證直覺。

舉例來說，早晨可以在被窩裡推測今天早上的天氣和傍晚的天氣。將這個推測寫進靈感筆記本裡，然後在早上和傍晚驗證這股直覺。

除此之外還有很多。

當你的腦子裡突然想起某個人時，就寫進筆記本裡。

如此一來，你可能就會在當天接到他的電話、電子郵件或信件。

就算最後事與願違，只要不斷重複這個作法，你就能掌握到直覺的感覺，並且分辨出命中率和失誤率的感覺差異。

進階步驟④
發現自己的直覺傾向！

直覺對當事人來說，也有特別容易出現的時段和地點。

①直覺有關鍵的時間

比方說，我的關鍵時間在早晨的睡夢中和準備出門的前後半個小時。

每個人都有自己容易獲得直覺的時段，那段時間最好抱著等待直覺降臨的心情度過。

②直覺有關鍵的空間

比方說，在廁所、家門口的道路，或是從椅子上站起來的瞬間等。

我也會特別注意產生直覺的地點，每當我在出遠門下榻旅館的第一天，直覺都會不斷湧現。

我在國外的咖啡廳讀書時，直覺也源源不絕。

③激發直覺的關鍵人物

很奇妙的是，當我們見到某些人時會產生直覺，但也有些人見了以後會讓自己腦袋凍結。所以，建議將自己見到後會激發直覺的人列成清單，並將無法讓自己獲得直覺的人列入黑名單。

如此一來，也能建立更舒適的人際關係。

鍛鍊直覺的腦部訓練

孕育直覺

．散步

我幾乎每天早晨都會從診所座落的白金台出發，花大約五十分鐘到一小時走到目黑附近。

我把早晨的散步時間，當作「靈光一閃的時間」。

我就根據自己過去的經驗，介紹最容易靈光一閃的散步方法吧。

首先在出門散步前，我會先回想昨天沒能做完的事、確認今天的任務，把它們裝進腦袋裡。

然後在散步的時候，先忘記本日的任務，看看路邊綻放的花朵、凝視停

◆欣賞景色並享受散步的樂趣

在花上的蝴蝶，享受散步的樂趣。

這樣不只是運動系統，連記憶系統、視覺系統、聽覺系統、思考系統等許多腦區的開關，都會從剛甦醒的茫然狀態切換過來。

活化腦部，就會更容易靈光一閃。

改變已經成為慣例的行為

想要更容易產生直覺，不是只有散步這個方法而已。

趁著待辦事項的空檔，到室外深呼吸一下、眺望窗外的景色，遠離當下正在思考的事物，時間再短也沒關係，建議安排能夠解放頭腦的時間。

此外，可以嘗試在平常通勤上班的路線中，提前一個轉角拐彎，踏進平常根本不進去的便利商店，讓已經形成慣例的行爲稍微有點變化。因爲要是**「和平常一樣」，對腦部的刺激就會減少**。

比如說，我們在看見紅色的瞬間，腦部就會清醒過來；但要是一直看下去，腦就不太會活動了。

因此，我每天都會改變散步路線，走路的速度也不固定，會特意做點變化。

而且，我爲了改變心情，會特地拿珍藏的高級紅茶出來泡，或是換到咖啡廳工作，才會更容易產生直覺。

經常給予腦部新的刺激，它才會更容易孕育出直覺。

・當自己是個〇〇！

當自己「是個〇〇」，也是孕育出直覺的訣竅。

當自己是個攝影師出去旅行，比較容易活化視覺系統腦區和右腦的傳達系統腦區，產生視覺上的靈光一閃。

當自己是個詩人外出走走，視覺系統和左腦的傳達系統腦區就會活絡起來，不斷湧出直覺性的言語。

懷著自己只有二十歲的心態生活，就能喚醒二十多歲時使用的腦區，年輕鮮活的靈光就會閃現出來。

捕捉直覺

・嘗試分析夢境

夢境和直覺一樣，都會告訴我們很多訊息。

在我小時候讀過的，日本第一位諾貝爾物理學獎得主湯川秀樹的傳記中也寫道「在睡前的床頭放一冊筆記，起床後立刻將夢中出現的事物寫下來」。

我讀到這一段時，心想：「如果我做同樣的事，頭腦也會變聰明嗎？」然後就開始記錄我的夢境了。

但是，在腦內資訊量還很少的孩提時代，能寫的全都是不值得一提的小事。直到我成為高中生、大學生，接著是二十多歲、三十多歲，隨著知識和經驗的累積，夢境的精準度才越來越高。

比方說，我在就寢前寫完了稿子，結果夢裡就出現「這個和那個寫得不充分」的訊息，早上起床後我重讀了一遍稿子，按照夢中的提示修改後，稿子的完成度變得更好了，諸如此類的經驗常常發生在我身上。

我也曾經學過佛洛伊德的夢境解析理論，也讀過解夢的書。

不過，我並不會因此盲目地相信夢境出現的訊息，也不會試圖運用它。

我是將夢中的所見所聞筆記下來，隔天再依據解夢和夢境解析的知識，來思考「為何我今天會做這個夢？」「為何不是昨天夢到？」「這個夢代表什麼意義嗎？」等。

如此一來，我就能增加更多以前不曾設想過的選項，提高自己的思考力和理解力。

趁還沒忘記以前趕緊寫下來，就是一種捕捉直覺的訓練。

讓直覺成爲現實

・為突然浮現的念頭安排優先順序

左撇子雖然很容易產生直覺，卻不太擅長將腦中閃現的念頭化爲現實。

左撇子的右腦浮現出大量的資訊，卻沒有依照資訊的重要度安排先後順序，所以就算是難得閃現的直覺，大多數都會在無意間流失，根本無法付諸實行。

因此，我會**為腦中出現的資訊安排先後順序**。

舉例來說，我的夢裡出現「要在稿子第三章加入診所的實際案例」的訊息，起床後也出現了好幾次直覺提醒我「補充稿子內容」，於是我判斷這對我來說是很重要的事，就決定率先去執行它。

夢裡經常會出現現實中缺少的事，或是遺忘的事。

或者，你也可以在一天的開始，將記錄直覺的筆記攤開在眼前，詢問自己「要從哪一件事開始做才好？」

抑或是製作一份「待辦事項清單」、依序執行，就能漸漸將直覺發展的可能性落實到現實世界中加以活用。（第四章會介紹「待辦事項清單」的作法）

·靠著「如果是我崇拜的人會怎麼辦？」來克服障礙

我經常會詢問自己的大腦，「如果愛因斯坦現在還活著、在研究腦科學的話，他會做什麼？怎麼做？」或是「如果釋迦牟尼會研究腦科學，那他會研究什麼呢？」

不是想像世界偉人也沒關係。

可以想像如果是十年後、二十年後更成熟的自己，會對現在的自己有什麼建議。

或是想像身邊值得尊敬的上司主管、名人也無妨。

「如果是他的話，在這種狀況下會怎麼辦？」各位可以像這樣，想像一下自己站在別人的立場思考。

我們都會在不知不覺中依循自己的思維模式，容易在自己既有的「常識」框架中思索。

因此，**試著假定「我崇拜的人會怎麼辦？」可以拓展自己的視野**。

如此一來，我們平常根本想不到的直覺就會湧現出來。

然後，好好發揮這時產生的直覺，就能超越自己的極限、大幅改變自己的人生。

◆ 思考「如果是我崇拜的人會怎麼辦？」來克服障礙

如果是
那位非常幹練的前輩，
他會怎麼做？

專欄

左撇子在運動比賽較占優勢？

在運動的世界裡，左撇子有「左架站位」「lefty」等稱呼，總會被人另眼相看。

我經常聽說很多人只因為是左撇子，就受到很多運動類的社團招攬入隊。

那麼，實際上左撇子在運動時真的比較吃香嗎？

比方說，在上場人數較多的排球和曲棍球等比賽中，一旦遇到左撇子對手以左右相反的方式攻來，應該會非常難以招架才是。

如果是棒球，左撇子投手擲出的球很難擊中，而且比起站在本壘板左側打擊格的右打打者，站在右側打擊格的左打打者距離一壘顯然更近，所以算是占了優勢。另外像籃球、足球等需要用到雙手雙腿的比賽也是，每個選手應該都很討厭對手以不熟悉的球路進攻吧。

左撇子在個人賽和少人數的比賽當中，更能發揮他們的強項。在網球、羽球、桌球等使用球拍的比賽中，左撇子的正拍與反拍不同於右撇子，球道會改變，應該會讓對手覺得很麻煩。

而慣用手影響最大的，應該就是武道和格鬥技了。有研究結果指出，右撇子要是遇到對手從自己不習慣的左側攻過來，應戰的疲勞也會加倍，容易失去專注力，因此左撇子選手的勝算比較高。

當然，還是有些運動比賽的勝負與慣用手無關。像是體操、游泳這類個人競賽，不太會因為慣用手而產生差異。不過，只要不是計分制，而是和對手對戰的競賽，左撇子肯定更有利。

占了九成人口的右撇子，遇上只占一成的左撇子的機率很低，鮮少有機會練習對付左撇子，所以才很難攻克左撇子的選手。

第二章 超強「獨創性」

——能孕育出源源不絕的創意點子

左撇子只要一看就能想起完成的型態

圖像記憶會增加選項

第二個孕育出左撇子獨特用腦法的超強特性，就是「獨創性」。

左撇子的腦內網路構造，本來就和多達九成人口的右撇子不一樣。這就代表他們擁有和多數人迥異的特性。

由於左撇子經常使用這個不同於右撇子的腦部迴路，所以就算對他們本人來說很正常的事，看在周遭人的眼裡必定會顯得非常獨特。

兩者用腦方法最大的不同之處，在於右撇子主要是用言語輸入資訊，左撇子則大多傾向於**用圖像記憶眼睛所見的資訊**。

處理語言的左腦，會將資訊一件一件、慢慢以邏輯性的方式釐清。右腦則是像照相機按下快門般，一瞬間將整體儲存成圖像。

用電腦或智慧型手機儲存文字資訊，會占用的容量非常小；相較之下，圖片和影片的檔案大小卻是奇大無比。

腦內的資料也是一樣，如果儲存成圖像，檔案容量比其他任何資訊都要更龐大。

資訊量越多，可以輸出的東西也會越多，而且也很容易發展成更多樣化的形式。所以，**左撇子的腦內選項特別多，可以導出不受既定框架限制的創意想法**。

而且，**左撇子還很擅長將腦內浮現的影像資料結合在一起、想像成新的情景**。

不論時間還是空間上，左撇子都能將毫無關聯的影像合併，孕育出新的創意構想。

這就和第一章的直覺一樣，我經常將突然浮現的圖像組合成新的印象，依循這個印象行動，結果得以擺脫困境。

比方說，在不經意回頭看見的地方發現應該要帶走的文件，或是莫名想起某個很在意的人，於是寫信給他，才發覺對方忘了我們之間的約定，諸如此類的事在我身上發生過好幾次。

左撇子**若要充分活用圖像記憶，就要特別注意將資訊轉移到左腦，並且用語言描述出來**。

這麼一來，才能有效利用腦內龐大的資訊量，磨練自己的獨創性。

◆右腦擅長圖像記憶

因爲與衆不同，才善於找竅門

我本身是左撇子，所以已經習慣一發現爲數不多的左撇子同志，就會仔細觀察對方。

好比說，我看見患者在診所櫃檯塡寫名字的模樣，可以看出左撇子手上的筆會偏向右側，或是將紙張擺成斜的，每個人都有自己能夠快速書寫的竅門。

如果是右撇子，在格子裡寫名字根本是家常便飯，一點障礙也沒有，只要唰一下寫完就好了吧。

但是，肯定有很多左撇子從小時候就在思考，明明大家都會寫，「爲什麼只有我寫不好呢？」「要怎麼樣才能寫得漂亮呢？」多次犯錯記取教訓後才有今天。

因此，他們所寫的字也各有千秋，非常有個性。

這種特性不只是顯現在寫字方法上。

左撇子在人生的所有場面上，都會以各種不同的觀點，思考為什麼「自己跟別人不一樣」，以及該怎麼做才能跟上大家。

假設左撇子在聽到某個意見時，內心覺得不認同。

而左撇子的思考並不會到此為止。

他們會思考「我這麼想會很奇怪嗎？」「還是說我根本沒有充分理解內容？」從各個角度思考為何只有自己與眾不同。

因此，左撇子對一件事的思考時間，遠比右撇子要長上許多，獲得的資訊量也隨之增加。

於是，左撇子就會漸漸醞釀出自己獨特的想法。

「不能和大家一樣」的意識會孕育出獨創性

昭和時期的作家小林秀雄在著作《莫札特》中寫道，「模仿是獨創之母，是獨一無二的親生母親」。

我在十八歲那年成爲小林秀雄的忠實讀者，拚命找他的著作來讀，深受他的影響。的確，模仿在教育上也有很重大的意義，可以帶動腦部發育成長。但是，要達到獨創的境界，卻沒有那麼簡單。

比方說有發展障礙的成人，再怎麼善於模仿，通常也還是缺乏獨創性。而左撇子要模仿右撇子，比右撇子仿效右撇子要更加困難。這個困難度已經深入腦部的結構當中，所以左撇子會在不知不覺中擺脫「和大家不同」的自卑感，強化了「不能和大家一樣」的意識，自然而然培育出獨創性。

腦部在感受到困難時，就是腦區的新領域開始成長的訊號。

因爲以往的腦區用法根本行不通，所以才開始使用其他腦區。不要錯失這個訊號，要堅持繼續目前正在做的事，具有獨創性的結果自然就會出現，這就是左撇子具備的特質。

左撇子只要意識到這股特質，就能更容易開啓創造性的大門。

細膩觀察力會耕耘創意的田地

在腦科學的世界裡，已經證明畫「鏡畫」（Mirror drawing）可以大幅刺激視覺系統腦區，以及額葉的運動系統、思考系統、傳達系統腦區。

所謂的「鏡畫」，是指看著鏡子裡翻轉過的影像並畫下來的作業。左撇子看著右撇子的行動，感覺就像是每天都在畫鏡畫一樣。

尤其是在左撇子年幼的時候，他們會在想像中翻轉右撇子拿筷子的方法、思考該怎麼用左手做到右撇子握筆的方法，連手指的角度和動作，都需**要鉅細靡遺地觀察，所以必定會養成謹慎觀察的能力**。

我認爲，這些日積月累的經驗，正是左撇子所具備的嶄新想法的種子。

大多數人都以爲「新奇的點子」是從天而降的靈感。

但我認爲所謂的創意點子，最恰當的比喻就是「播在田裡的無數種子萌發出來的新芽」。

雖然不知道播種後到底會不會發芽，但反覆鉅細靡遺的觀察、思考，並且持續耕耘點子田的結果，就是好幾顆吸收了滿滿養分的種子破土發芽。

在無意識中彌補不足的部分

除此之外，左撇子還會在無意識中「製作容易生出點子的土壤」，那就是**彌補不足的部分**。

二〇二〇年，我做了全世界第一個調查「聽廣播節目與大腦成長的關聯」實驗。

我讓受試者一天花兩小時以上、連續一個月收聽廣播，結果發現，聽廣播不只是能刺激左腦的語言記憶，也能喚醒視覺上的想像力，連帶讓右腦的記憶系統腦區一併成長。

這儼然證明了聽覺系統腦區在認識到作爲聲音的詞語後，視覺系統腦區會自動補上缺乏的圖像資訊，然後才形成記憶。

左撇子每天都會以這種方式鍛鍊「補足能力」。

他們會認識到現狀就是這樣，透過仔細觀察，找出自己缺乏的部分。

於是，**經常思考該補充什麼，這個動作就等於是醞釀出創意點子的用腦方法**。

左撇子最獨特的就是「宿命」

在同一個地方、同一時間，做同一個行爲，只要慣用手不同，回饋到腦部的體驗性質就不一樣。

就是這個差異，讓身爲少數派的左撇子具有獨創性。

造成左撇子和右撇子的腦內體驗不同的一大原因，就是**慣用手不同的人無法站在相同的觀點看待事物**。

人都會特別注意慣用手所在的方向，右撇子會注意右側，左撇子則會注意左側。也就是說，即使左撇子和右撇子待在同一個地方，也會看向與右撇子不同的方向、聽見不同的聲音、感受到不一樣的感覺。

而且，人在接觸周遭的事物時，會在無意識中運用自己擅長的腦區來獲取資訊。

比方說閱讀文字，假設擅長聆聽記憶別人說的話、擁有較高語言能力的右撇子，有九成的資訊是透過語言獲得，剩下的一成則是來自非語言媒介。

而假設左撇子有六成資訊是來自語言、剩下四成來自非語言，右撇子和左撇子所獲取的資訊中，會出現三成的語言資訊差異，而非語言資訊也會有三成差異。

這樣的差異經年累月下來，就會變得非常懸殊了。

即使過著相同的生活，腦部體驗依然不同

實際上，也有很多研究報告指出，即使讓右撇子和左撇子處理同一道課題，腦內的反應也不會一樣。

這就代表，**即使過著相同的日子、活過相同的人生，右撇子和左撇子的腦部體驗依然有很大的差異**。

例如兩者在同一天、同一時間爬同一座山，右撇子所說的「今天真開

◆日積月累的體驗差異會塑造出獨創性

心」，和左撇子所說的「今天眞開心」，可能代表著截然不同的感受體驗。

這種差異累積下來，才使得左撇子在日常生活中逐漸建構出自己獨特的個性。

左撇子是天生的標語作家

左撇子能夠發揮其豐富構想的領域，就是廣告方面的標語寫作。

你可能會想：「可是處理言語的是左腦，難道不是右撇子才擅長寫標語嗎？」

當然，右撇子或許很擅長用邏輯縝密的文章說明自己想說的事，但標語是只用一句話瞬間傳達出意境，這種寫作能力絕對是左撇子的看家本領。

西脇順三郎的詩集《Ambarvalia》中，收錄了一首只有短短三行的詩〈天氣〉。

在一個猶如「寶石翻覆」的早晨

好似有人在門口與誰耳語

那是神誕生的日子

光是讀了這句「在一個猶如寶石翻覆的早晨」，腦海裡應該就會出現「晨光閃耀得就像是綴滿了寶石」的情景吧。

我認爲像這樣讓人一讀就能立刻在腦中浮現畫面的「圖像語言」，是最厲害的標語寫作手法。

「寶石」「早晨」「翻覆」這些詞語，大家應該都能看懂吧。

而將這些零散的單字組合起來的，就是「圖像」。

左撇子就像是按下照相機的快門一樣，擅長在一瞬間將情景記錄成為影像。所以才能將這個情景結合言語，寫成獨特的標語。

能夠掌握本質的右腦

所謂的標語，本來就是要用短小精練的詞語表達出概念。

在組合詞語、建構訊息以前，必須先掌握到事物的本質。

而右腦，擁有能夠俯瞰全體的視野。

由此可知，標語寫作要能夠綜合掌握事物的本質，再用詞語表述，這正是左撇子擅長的能力。

潛意識的嘗試&錯誤，能夠培育獨創性

即使萌生獨特的構想，若不好好培育它，它就不會長成結出纍纍果實的大樹。

其實，我的腦部有相當嚴重的ADHD（注意力不足過動症）傾向，在三十五歲以前，只要腦袋裡一浮現念頭，我就會這個想做、那個也想做，到處接觸摸索，卻都只摸到皮毛就放棄了。

一旦有了想法，若是沒有立刻做出實際的形體或成果，我就會感到不滿意，所以才無法充分活用難得的創意點子。

但是，當我接受美國明尼蘇達大學放射醫學部的邀請，赴美開始做研究後，當時的上司告訴我「你專心做一件事就好」，我才終於懂得耐著性子、仔細深入培育單一構想。

從此以後，我的人生便大不相同。

以我自己爲例，我在一九九一年發明的「fNIRS 法」，是用近紅外線照射頭皮表面，收集在腦內散射後再度回到頭皮上的光，藉由血液中血紅素的動態來測量腦部的活動。

之後，我大多投入研究影像精準度更高的ＭＲＩ，但是ＭＲＩ需要人體仰躺著不動才能測量，反而突顯了研究上的各種問題。

於是，我在這段期間不斷思考，難道就不能用更簡單又更精準的方法測量腦部的運作嗎？結果就是在二〇〇二年，我發明了可以測量大小只有血紅素萬分之一的小氧分子活動的技術「向量法 fNIRS」。

這過程耗費了十年以上的時間。

掌握到發明訣竅的我，又開發出用腦部影像捕捉人的個性，可以鑑定出強弱，甚至是職業適性的加藤式ＭＲＩ腦影像診斷法（腦相診斷）。我在一九九一年發表了研究內容後，這項研究也在二〇〇三年獲得諾貝爾醫學生理學獎得主保羅．克里斯琴．勞特伯博士的認可，但是我總共花了十七年、直到二〇〇八年才完成。

我慢慢仔細地培育腦中出現的構想，才終於得到超乎想像的收穫。

如何讓構想成形？

我就來簡單說明一下，實際上該如何仔細培育腦中出現的點子。

舉例來說，假設你想要一個前所未有的造型杯子，首先就要把你想得到的「杯子形狀」寫下來。

這就是創意構想的小小種子。

接下來，你要慢慢讓它曬太陽、爲它澆水，小心翼翼地培育。

具體來說，要先將杯子的事擺到腦袋的角落，不要忘記，後續只要湧現了新的念頭，就再補充上去、讓內容更加豐滿，一步一步更新版本。

如果能用第一章介紹過的「如果是我崇拜的人會怎麼辦？」的方法，詢問自己的腦袋「畢卡索會做出什麼樣的杯子？」「如果是岡本太郎會怎麼辦？」或許可以拓展出更新的創意構想。

就這樣持續一個月、三個月、半年，甚至是一年、兩年就好。

我年過三十以後，仍然持續以這種方式孜孜不倦地學習，不過多數左撇子本來就會在成長過程中，無意識培養出這種耐性。

因爲，**左撇子為了克服「無法順利做出右撇子理所當然能夠做到的事」這種從起跑點後面出發的狀態，每天都在不斷地嘗試並從錯誤中學習。**

而且，**左撇子最好要有「培育構想」**的意識。

如此一來，構想成形的機率就會大幅提升了。

少數派只要勇敢衝刺，就能培育創意

左撇子若要花費時間培育創意構想、發揮獨創性，需要注意一個重點。

那就是**不要受到他人的評價左右**。

說到底，左撇子打從出生以來就是屬於少數派。

而且**左撇子不僅是絕對少數，也因為腦部機制不同，所發表的意見也往往屬於少數派**。在這種時候，願意認同左撇子獨創構想的人應該也不多。

雖然左撇子無法得到周遭的理解，但我還是希望他們別因此認爲自己的想法毫無價值。

越獨創越容易遭到反對

我在三十歲時，發明了測量腦部活動的「fNIRS法」，同時也發表了腦部的MRI網路活動影像法。

這兩項世界頂尖的技術，無疑對現在的腦部活動影像化發展有卓越的貢獻。

然而，越是劃時代的獨創技術，越容易因爲不符合過去的「常理」而激起許多反對的聲浪。

要是因此受到大眾的眼光和評價左右而失去自信，就會失去培育構想的耐心。

當我覺得灰心氣餒時，會怎麼做呢？**我不會拿別人提出的意見，而是拿昨天的自己來比較，看看自己進步了多少，為自己打分數。**

「這個已經會了，所以比昨天加一分」「距離目標有十步，做到這裡算是前進了兩步吧」，像是一步步登上階梯般，確定自己每一步都腳踏實地往前進。

左撇子主要使用的右腦，會全力運用感官來接收四周的環境資訊，所以無論如何都很容易受到環境的影響，也常常太過在乎別人的意見。

這種時候，要記得無論是多麼微小的進步，都要先肯定自己。

就用這種方式，花時間一點一滴培育自己的創意種子吧。

腦科學小故事

HSP 和左撇子的關係

HSP（高敏感族群）是心理學上的概念，不過從腦科學的觀點來看，可以理解為右腦情感凌駕於左腦情感時，所引發的腦部運作機制。

我曾在拙作《感情腦的鍛鍊法，從此消除「人太好只有壞處沒有好處」問題》中提過，右腦情感可以接收到別人的心情和來自周遭環境的情感資訊。另一方面，左腦情感則與醞釀出自己的心情有關。因此，當別人的情感凌駕於自己的情感時，我們能夠認知到的情感範圍會變得非常廣大，對周圍更加敏感。

如果依照感情腦的機制來假設，左撇子可能比右撇子更容易成為 HSP。左撇子的右腦比右撇子更容易發展，反之，左腦情感的發育可能較為遲緩。

不過，雖然我本身也是如此，但我認為我就是我，只要昇華自我情感的機會變多，那麼 HSP 就不是單純的煩惱，而是可以將 HSP 的感性運用在創造上。

發展「獨創性」的腦部訓練

挑戰未曾經驗過的事物

・倒著閱讀一本書

每天早上我都會在同一時間起床，吃一樣的早餐，搭同一班電車的同一個車廂去上班。

我和往常一樣的同事一起工作，下班後回家喝同一品牌的啤酒，看固定類型的影片。

過著這種「一如往常」的例行生活，只會用到大腦的部分功能，所以沒有運作到的腦部功能就會逐漸退化，變得毫無獨創性可言。

若要更容易孕育出自己獨特的創意構想，就要每天挑戰未曾經驗過的事

物，均勻刺激所有腦區、接收新的資訊。

雖說是要挑戰以前不曾做過的事情，但也不必想得太困難。有個可以簡單做到、效果又好的方法，就是將以前讀過的書，從後面的頁數倒著往前讀。

一般的書籍文字，都是從右往左的直式排版。因此，一般閱讀到頁尾左側時，我們就會依序翻閱往下讀。倒著讀就是從最後一頁開始閱讀，每讀完一段就往前跳一段再讀，就這樣一直往前讀回去。

從隨機翻開的頁數開始往回讀也沒有問題。

我常常在稿子寫到一半遇到瓶頸時，就試著將文字檔案的直書改成橫書，或是更改字體，讓事情多點變化。

如此一來，我就能發現其中的失誤，或是想起應該寫進去的內容。

・試著拒絕喜歡的事物

要給腦部新的刺激，也可以暫時排拒自己喜歡的事物或中意的習慣。

比方說，我以前很愛喝咖啡，每天都要喝上好幾杯。

但是，有一次我不得不住院檢查身體，於是我就藉此嘗試戒咖啡。

結果，我到咖啡廳工作時，就只能點果汁或紅茶。在一般的咖啡廳裡，都會有許多咖啡選項，其他飲料僅僅只有一、兩種而已，自從我點紅茶來取代咖啡以後，很快就喝膩了。

因此，我開始尋找有沒有其他更好喝的紅茶。

不只是在日本國內，我連出國在外時，也會特地上街尋找我過去幾十年不曾感興趣的花草茶和紅茶店。

像這樣，**當感興趣的領域一改變，就會為了獲取新的資訊而改變自己的行動。**

最後，**對事物的觀點和想法也會隨之改變，逐漸增加可以孕育出獨特創**

意的種子。

參拜廟宇佛寺

當我們走訪佛寺、廟宇，以及有能量景點之稱的地方，心情就會莊嚴起來。

閱讀書本、下廚烹飪，或外出散步時，各位應該都明顯有不同的感覺吧。我認爲這是因爲此時的用腦方法與平常不同的關係。

只要能夠察覺這些細微的差異，即使重複做著相同的行動，每一次也都能夠發掘出不同的意義。

比方說，我在同一時間走相同的路線散步，沿途也會感受到不同於昨日的氣氛和人潮。

即使你會定期去參拜廟宇佛寺，也一定會看見以往沒有的裝飾，或是可以感受到季節變換的植物。

從單一體驗中感受到不同的意義，可以培育自己特有的細膩腦部網路。

然後慢慢地，你就會建立屬於你的用腦方法，孕育出別人無法立刻仿效的獨創性。

刻意營造不便的情境

我是在新潟縣寺泊町野積（現爲長岡市）出生長大。

當時的野積是現在根本無法想像的荒涼地區，別說便利商店，就連一般店鋪也幾乎沒有。方圓數公里的範圍內，只有一家日用品雜貨店而已。

因此，我和祖父去釣魚時，從來不記得我們買過釣竿、釣線、釣錘這些用具，都是在山上砍竹子來當作釣竿，魚線則是附近的漁夫給的，用現成的東西或依當時的環境想辦法解決是稀鬆平常的事。

現代已經非常方便了，即使不必踏出家門，也可以在網路上訂購食品、開會。

但是，我們偶爾也可以試著過一天沒有金錢和文明利器的日子，像是不花一毛錢度過假日、用冰箱裡現成的食材煮菜，或是一整天不碰電腦、一整天不去超商和超市等。

試著讓自己陷入這種不方便的情境，也是一種提升思考能力的良好訓練。

試著模仿好點子

需要孕育出自己特有的獨創性時，先從模仿你覺得很棒的點子或行動開始，效果也非常好。

一提到模仿別人，可能很多人都覺得這樣不太好。

不過，只要把它想成是**引用比自己傑出的人的智慧**就可以了。

舉例來說，假設你對拍照很有興趣，可以觀察一下大家都是用什麼樣的器材、如何打光、如何構圖，然後依樣畫葫蘆。

只要親自實踐後，你就會開始思考「能不能拍得更好？」「如果想要這種效果的話，該怎麼做才好？」

把模仿當作你踏出的第一步，接著再加入自己的巧思逐步發展下去。

如此一來，就不會變成單純的抄襲，而是能夠漸漸孕育出自己的獨創性。

思考必要性

腦內孕育出的構想，要仔細慢慢培育，才會變成自己特有的獨創作品。

在這個過程之中，我經常做的一件事就是思考必要性。

以杯子的例子來說明，假設你想要一個前所未有的造型杯子。

首先，將你想得到的杯子形狀寫下來。

然後，從「爲什麼是這個形狀？」開始思考，

「誰會想要這種杯子？」

「有人會因爲發現這種造型的杯子而開心嗎？」

「這種杯子能用在什麼時候？」

「如果這個杯子成功做出來了，會拓展出什麼樣的世界呢？」像這樣，試著思考這個杯子對於這個世界和多數人會有什麼用處。

將詢問大腦後一一得出的答案，與最原始的構想串連起來、畫成一張關係圖，逐漸往外延伸出去。

這樣就能從各種不同的角度照射陽光、注入養分，養大構想並培育出獨特性。

只要正當，即使背道而馳也要貫徹正義到底

別人的譴責和謾罵，有時也能催生出創造性。

在一個團體中，少數派往往容易遭受攻擊、被排擠在外。但是，也有很多少數派擁有潛在的正當性和通往未來的關鍵。

實際上，不少研究員都會隨波逐流。我在三十幾歲時，曾經疑惑「難道科學也有所謂的風潮嗎？」

一旦產生了團體偏誤，即使它毫無前瞻性可言，人們也會迎合潮流行事。

然而，這種風潮即使能撐過五年，也無法維持到十年。

當各種問題逐漸浮上檯面後，研究員就會像是說好一樣頓時收手，又轉向投入另一股風潮之中。

與他人背道而馳，乍看之下很像寡不敵眾，顯得自己孤立無援，但事實才是你眞正的盟友。

尤其是在科學的領域裡，勇於和他人背道而馳，才是鍛鍊創造力的捷徑。

專欄

左撇子不易罹患失智症嗎?!

如今到了人生一百歲的時代，失智症已經成為所有人類無法避免的人生課題。

其實，左腦具備將新記憶固定在腦中的作用，右腦的功能則是搜尋腦中的記憶。〔注7〕

實際上，有好幾項研究都證明慣用手會影響記憶力。

西恩薩伊等人〔注8〕發表的研究報告指出，左撇子男性在語言的認知課題上表現較為優異。左撇子男性腦部的胼胝體比右撇子男性更為通暢，可以活潑地運用左右兩腦。

另一方面，同一研究的結果也指出，左撇子女性在視覺性空間認知課題上的表現，比右撇子女性更出色。由此可見，女性使用左手，容易促進右腦的理解系統腦區發達。

而且，普洛波等人〔注9〕的研究報告也提到，能左右手運用自如的人，比右撇子善於想出單字，也擅長回顧過往的生活、想起自傳式記憶。

此外，羅普林齊等人〔注10〕還針對握力和情節記憶（對事件的記憶），研究左撇子和右撇子的差異。結果發現，雖然慣用手不會造成差異，但因握力下降導致記憶力衰退的案例卻相當多。握力不只是透過鍛鍊手部的肌肉，也能透過第10頁提到的手部腦區鍛鍊來加強。

可見鍛鍊握力、運用兩腦，確實可以提升記憶力。各位不妨試著鍛鍊左右手的握力，來強化記憶力吧。

第三章 超強「緩衝思考」

——多一道程序就能加強腦力

剛開始理解的速度很慢……
但是一掌握到訣竅
活用能力大爆發！

多個「緩衝思考」的程序，就能加強腦力

第三個孕育出左撇子獨特用腦法的超強特性，就是緩衝思考。

我認爲，緩衝思考可能是孕育出超強左撇子的最大因素。

左撇子獨特的緩衝思考，簡單來說，就是藉由連接右腦和左腦的神經纖維束「胼胝體」，讓兩側頻繁通訊的用腦方法。

右撇子基本上常用左腦，而右腦經常處於休眠中，但左撇子絕大多數都是能均勻活用兩腦的人。

那麼，爲什麼左撇子比右撇子要更常同時運用右腦和左腦呢？

其中最大的原因，在於**左撇子以慣用手活化右腦的同時，也會不斷使用左腦，來處理生活在現代社會中不可或缺的語言資訊。**

左撇子會依動作分別運用左右手

左撇子為了適應這個右撇子優勢的社會，不只是自己善用的左手，也有很多機會運用右手，所以會用雙手刺激兩側的腦部。

我訓練過靠自己的意志來驅動右手，不過很多左撇子也會依動作來分別運用左手和右手。

比方說，打開瓶蓋和轉動螺絲的時候，或是關閉瓦斯開關時，應該很多人都是用右手比較順。

在自動販賣機投幣，還有走過車站驗票口時，也是用右手更加方便。

亦有不少人是用右手寫字、滑手機，卻用左手投球。

但右撇子卻幾乎不太會依照動作改用左手。

相對地，左撇子有很多機會可以刺激兩腦。

這種透過胼胝體的「緩衝」，可以同時喚醒右腦和左腦，使腦部變得更強。

左撇子就是藉著拓展可使用的腦部範圍，醞釀出超強的直覺和獨創性。

下一頁是我實際研發的腦部樹突影像，比較左撇子和右撇子的理解系統腦區通訊狀態剖面。黑色的區域代表腦部在運用下逐漸成長。

從這張圖可以看出，左撇子的左右兩腦，都比右撇子要更黑。

◆左撇子（上）和右撇子（下）的 MRI 腦部樹突影像

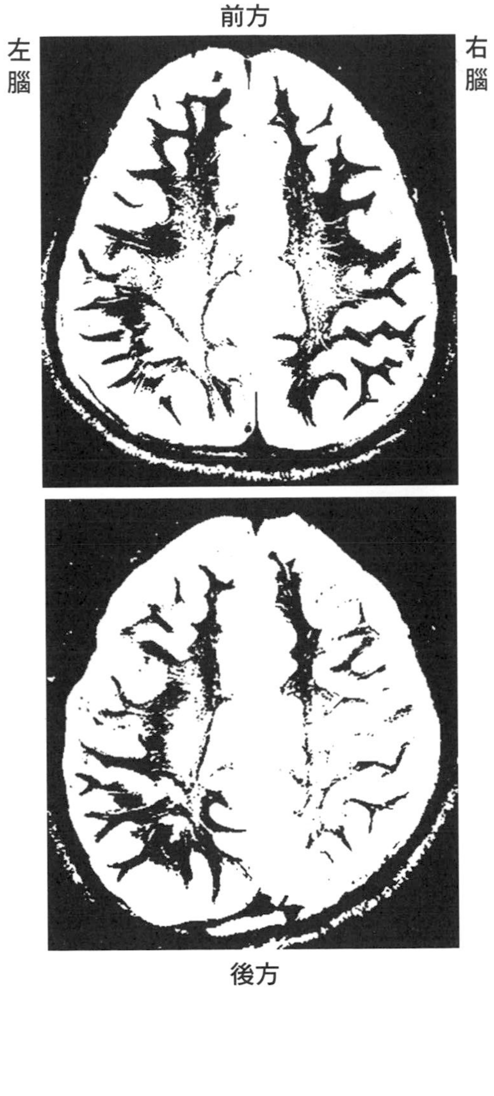

日積月累的緩衝思考，可以豐富創意能力

我們是靠著平常累積的經驗，在腦中構成錯綜複雜的網路。即使我們不刻意去想，也能自動行走、拿筷子吃飯，就是多虧了有這樣的系統。

但是，如果只滿足於目前已有的自動化系統，用腦的方法就會變得單一，很難再激發出新的構想。

而大多數左撇子都具備了被迫運用腦部迴路的緩衝思考機制，這或許可以說是左撇子的構想力格外豐富的一大原因吧。

人只能在自己所見的世界範圍內思考。

因此，不只是從正面觀察事物，同時也從各個方向多元檢視，有助於拓展視野、豐富構想的能力。

左撇子經常從所有角度分析右撇子社會的常態，運用左右腦思考自己應該怎麼樣才能做到。

我在念小學的時候，體育課打棒球需要戴棒球手套，但是並沒有左撇子用的手套，所以我只好勉強戴上右撇子用的手套。

右撇子應該不會有這種經驗吧。

右撇子也不會在寫書法的時間，因爲只有自己的硯台放在左側而覺得很「丟臉」。

這些事即便不是一種歧視，但都是右撇子沒有察覺、無從得知的右撇子優越社會的情景。

有個左撇子女性曾經告訴我，她在學生時代寫橫式筆記時，未乾的筆墨都會弄黑她的手，讓她覺得很不方便。

因此，她只好用透明墊板夾在手跟紙之間，以免手弄髒。

應該有很多左撇子都會像這樣花點小工夫。

因爲這些事，**左撇子便在不知不覺間，培養出容易孕育出新構想的「腦質」**。

而且，左撇子已活化的右腦，最擅長的是用圖像來掌握全體，而非只有局部。

他們**以俯瞰的視角觀看事物**，很容易發現其中欠缺的部分。

於是，他們就能不斷孕育出理想的目標中所欠缺的部分。

慢半拍是因爲正在進行緩衝思考

左撇子特有的緩衝思考，可以大範圍活化腦部。

但是另一方面，在他們需要整理資訊和思緒、用詞語表達出來時，往往會比別人慢半拍。

爲什麼左撇子無法順利組織出詞語呢？其實只要用以下方式來想，就能輕易理解了。

收納在右腦倉庫的圖像資訊並不會分門別類，而是散落在腦海裡。

比方說，一週前吃過的美味乳酪蛋糕，和今天散步時看見的美麗朝陽景色等資訊，都會擠在一起。

換言之，右腦是個**「亂排資訊的倉庫」**。

至於左腦，根據神經科學大師達馬吉歐等人的研究〔注11〕，它可以將「紅」

「藍」「綠」這些詞彙歸類到「顏色」群組，將「老鼠」「猴子」「狐狸」等詞彙整理到「動物」類別裡，再加以記憶。

左腦內的資訊儼然就像是圖書館裡的書一樣整齊分類，按照書名首字的讀音依序貼上標籤排成列，所以取用的時候才可以立刻找出來。

右撇子打算說話時，可以直接進出左腦整理得有條不紊的資訊倉庫，因此能夠輕易找到目標資訊、輸出成為詞語。

但是，**大多數的左撇子必須先經過「亂排資訊的倉庫」，才能走向「整理得有條不紊的資訊倉庫」，所以思緒總是在繞遠路。**

左撇子的腦部需要花稍微多一點時間處理資訊，所以輸出的速度才會較慢。

這就是左撇子的輸出總是慢半拍的最大原因。

不過遺憾的是，很多左撇子都沒有發現自己正在「緩衝思考」，並且還因爲與右撇子相比「詞語的彙整速度太慢」而感到自卑。

腦袋沒有好壞

我至今已經用ＭＲＩ診斷治療過一萬多人的腦部疾病。

根據我在加藤白金診所的臨床經驗來說，**人之所以會感覺到自己不如人，並不是因為腦袋不好，而是單純地沒有使用那個腦區罷了。腦部本身的大小和細胞數量，並沒有太大的個體差異。**

也就是說，很多左撇子所感受到的「詞語彙整速度太慢」，只是因爲使用左腦的時間比右撇子稍微短一點點，絕不是腦袋構造不如人，希望左撇子都能知道這一點。

其實，有研究指出「胼胝體的發達，可能與口吃等言語流暢性有關」。〔注12〕

也就是說，左撇子只要繼續自己特有的用腦方法，充分發展胼胝體和左右腦，言語措詞很有可能就會變得流暢了。

現在我當眾演講、寫書時，也已經比我不擅長國語國文科的小學、國中、高中時代要輕鬆許多了。

左撇子千萬別因爲「講話不流利」就放棄，逐步累積緩衝思考、好好鍛鍊頭腦吧。

◆ 右腦是「亂排資訊的倉庫」

狐狸在這！
排滿滿
動物
狐狸
熊
貓熊
松鼠
貓
章魚
蔬菜
顏色
茄子
番茄
蔥
紅
黃
白
藍
綠
粉紅
左腦
右腦
呃…
蘋果
蔥
汽車
熊
綠
綠
法國
藍
松鼠
茄子
漂來漂去～

在緩衝思考時觀察和推測，一切都會更順利

我在讀大學的時候，一起參加義工活動的學弟曾經對我說了一句話，讓我至今難以忘懷。

「我沒辦法像你一樣，先看看周遭、觀察各種狀況之後再發言。」

在這之前，我從來沒有發現自己在說話以前，會先仔細觀察四周的狀況。也就是說我在緩衝思考時，會在無意識中仔細觀看周圍的事物。

我之所以會養成發言以前先仔細觀察周遭的習慣，可能是受到小時候環境很大的影響。

我小的時候，在老家一起同住的祖父有輕度口吃，偶爾會說不好話，所以我總是耐心等待祖父把話說完，同時觀察他的狀況，推測「他想說什麼」。

當我可以推測出「他應該是想說這個」以後，就會先在心裡準備好自己要說的話。這個經驗，對於我在診所診察無法流暢表達自己的患者和孩童有很大的幫助。

當自認「不善於說話」的左撇子遲遲無法歸納出順暢的話語時，千萬不要著急，我建議可以**趁這個緩衝思考的時候「觀察」和「推測」**。

比方說，我們來假設你是個業務員。

在同一部門裡，如果A和B的業績特別出眾，你可以仔細觀察一下這兩個人。

然後，假設你發現A很擅長協助客戶，B則是會提供商品以外的資訊、贏得客戶的信任。

如此一來，你就能在每週的例行會議上，預測到會提出「爲何其他人的業績都沒有A和B那麼好」「各位應該採取A和B的哪些作法，才能提升業績」這些問題討論了吧。

然後，你只要準備好這些問題的答案就行了。

觀察和推測，並不是只有像會議這種正式的場合才能用。

當然，觀察可能會有偏差，預測也有可能失準。

不過，只要反覆「觀察」特定的人在哪些狀況下會有什麼反應、「推測」他可能會說什麼話，肯定會比毫無心理準備的時候更容易說出你想說的話。

加快一道程序的效率、鍛鍊腦的瞬間爆發力

如果要說緩衝思考有弱點，那就是多一道程序會稍微多花點時間。

因此，很多左撇子都會煩惱自己缺乏腦部的瞬間爆發力。

要提高腦部的瞬間爆發力，那就要鍛鍊「視覺系統腦區」。

我認爲，人類的腦部瞬間爆發力有兩種類型。

第一種是耳朵一聽到話語就付諸行動的能力，第二種是親眼見證現場狀況後即刻行動的能力。

聆聽話語時，倘若沒有把話聽完，就無法充分了解話語的意義和意圖，所以無法立即行動。

但是，用眼睛見證狀況，卻可以在一瞬間做出反應。

因此，鍛鍊視覺系統腦區，有助於提升腦部的瞬間爆發力。

重點在於仔細「看」

具體的作法，就是無論如何都要求自己仔細「看」。

舉例來說，仔細觀察對方的狀況，如果可以從他細微的臉色差異，察覺到「爲何他今天無精打采的呢？」那就能夠鍛鍊到視覺系統和思考系統的迴路。

觀看說話者的表情和舉止、專心聆聽他說的話，就能讓視覺系統和聽覺系統的連結頓時變得更加敏銳。

如果在散步途中看見漂亮的景色或可愛的動物，會產生感動或溫和的情緒，那就能強化視覺系統和情感系統的連結。

用手機拍下美麗的夕陽，也可以驅動視覺系統和運動系統腦區。

看見路邊的狗、想起自己以前養過的寵物，可以連結視覺系統和記憶系統腦區。

在買完東西回家的途中，踏入平常總是大排長龍的店裡四處觀察，一旦湧現了新的構想，就能強化視覺系統和理解系統的連結。

像這樣**不斷反覆讓視覺系統即時連結其他七個腦區，腦區和腦區之間的連結就會變得順暢無比**。

只要在腦中建立穩固的思考網路，做同一件事情的速度就會越來越快，進而使腦部的瞬間爆發力向上提升。

◆建立思考的網路、提升「腦的瞬間爆發力」！

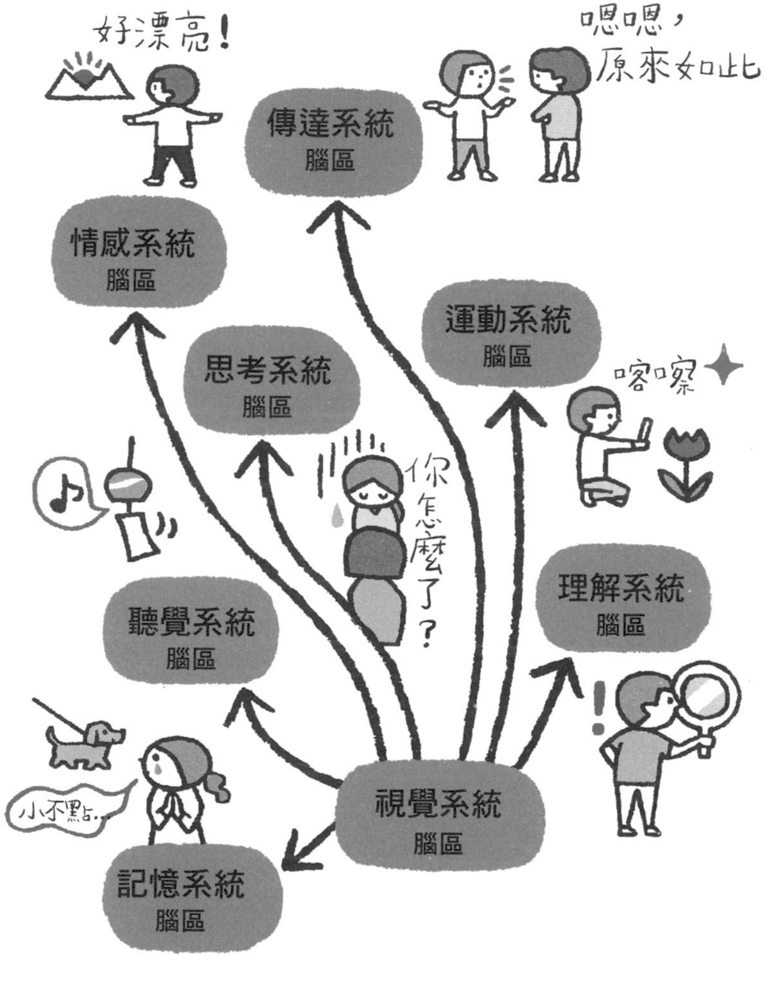

左撇子兒童可以透過「有樣學樣」大幅成長

「我正在緩衝思考。」

沒有這股自覺的左撇子，往往在很多方面都會對右撇子懷抱著自卑感。

尤其是小孩子，孩子本身和他身邊的人可能並不知道其中的原因，只會單純地覺得自己（這個人）「反應慢半拍」。

我希望左撇子兒童的家長先別著急，以「這孩子正在大量運用腦中迴路」的心態靜靜守著他就好。

左撇子兒童只要運用「視覺系統」腦區、有樣學樣，長期下來他各方面的能力就會不斷提升了。

不只是讀書寫字，畫圖的時候也是，可以先讓他們仔細觀察範本後，練習臨摹出範本中的作品。

除了念書學習以外，翻花繩、玩劍玉、辦家家酒等遊戲也可以當作練習。模仿自己喜愛的歌手高歌一曲，肯定也很開心。和家人一起打掃屋子、煮飯也是個不錯的方法。就連劍道、柔道等運動，也都可以先從模仿開始做起。

觀察並模仿，可以讓視覺系統連向其他七個腦區，使腦部的網路更為發達。

如此一來，就能**有效率地提升孩子的學習能力**。

適合左撇子兒童的才藝

然而，左撇子兒童即使用左手拿筆寫字，文字的收筆和鉤筆還是常常寫得不順，太過在意筆畫，結果導致動作的處理速度比右撇子遲緩好幾倍；改用右手寫字，速度則會更慢。

體育方面也會出現一樣的狀況。在柔道的雙人實戰練習中，左撇子對上右撇子會陷入彼此都不易使出招式的狀態，變得很難對打。

左撇子在小時候不會察覺到緩衝思考對腦部發展的益處，所以要麼做得到、要麼就是做不到，狀況變得兩極化，做事就會出現瑕疵或缺乏專注力。

我建議家長可以讓自己的左撇子小孩學鋼琴、笛子這類大家都會同時運用雙手的才藝，讓他不必在意自己和同學的差異。

因爲，一開始就會用上雙手的才藝和作業，才不至於讓他們對自己無法順利運用右手而感到自卑。

積極鍛鍊右腦的腦部訓練

整理房間

左撇子經常進行緩衝思考，同時刺激左右兩腦。不過，只要更加積極鍛鍊右腦、喚醒尚未充分運用的不成熟細胞，更有可能成爲「超強左撇子」。

所有人都能輕鬆做到，又能有效鍛鍊右腦的方法，就是整理房間。

要將房間整理得清潔舒適，需要用到右腦的空間認識能力。

思考什麼東西放在哪裡才會顯得整齊，或是物品如何擺放收納才方便使用，同時動手整理整頓，可以使右腦運轉起來。

此外，即使我們沒有特別注意，原本散亂的房間和桌面的狀況也會確實進入視覺系統腦區。

雜亂無章的景象一進入腦部，大腦就會感到疲累，所以整理房間也能減輕腦部的負擔。

用影像回顧當天發生的事

我認爲，**現代人的右腦記憶系統腦區，是退化最嚴重的部位**。

其中最大的原因，就是隨著網路和智慧型手機等裝置機器的普及，我們不必刻意去記憶，只要當場上網查詢，就能彌補欠缺的資訊。

「那個人當時是這麼說的」「老闆在演講中提過這句話吧」，即使我們記住了這類語言資訊；但像是說話者的表情、聲音的抑揚頓挫、身上佩戴的飾品等會用到右腦記憶系統腦區的資訊，若是不特別留意，應該很少人能夠記住吧。

因此，爲了驅動右腦的記憶系統腦區，在一天結束以前花三分鐘就好，用影像的方式回顧一下當天發生過的事吧。

好比說早晨起床拉開窗簾時耀眼的陽光，走向車站時看到散步中的可愛小狗。

休息時間喝色澤美麗的花草茶，朋友穿的時髦造型運動鞋等，只要**回想各式各樣的場面，不必仰賴額外的記憶裝置，就能夠活化右腦**。

走路時順便尋找美麗的事物

通勤上班時走到車站的路途也好，出門買一下東西時也好。

當你走在路上時，最好決定一件要發現的事物，像是「紅色的東西」「盛開的黃色花朵」等。

如此一來，你決定要靠自己發現的事物，就會接二連三出現在你的眼前。

因爲有明確的「觀看」目的、專心觀察，右腦的視覺系統才會活化。

◆用影像回顧記憶，右腦就會活化

然後，當視覺系統想著「哦，這種地方居然有紅色招牌」就會連結到理解系統，想著「好漂亮的花！」就會連結到情感系統，強化這些路徑，也有助於提升緩衝思考的速度。

現代大多數人都只會盯著小小的智慧型手機螢幕，或是眼前的電腦畫面，在狹小的範圍內觀看事物。

但是，如果想要尋找某個東西，不要只是看正面，從左右或是稍微有點高度的地方，都能夠擴大視線所見的範圍。**保持視野的廣度，有助於做到彈性思考。**

只要左撇子能從多方面觀看、思考事物，就能加倍鍛鍊左撇子具備的構思能力。

思考適合自己的穿搭造型

很多人在長大成人後，總是不由自主地做著一如往常、不好也不壞的穿著打扮，甚至還有人會找一個值得信賴的品牌，直接包下店內的所有單品。

近年來，也有不少人會參照服飾店店員的穿搭，或某個人上傳到社群網路的穿搭照，依樣畫葫蘆。

但是，若是偶爾想要找出眞正適合自己的單品，就要客觀審視鏡中的自己，在腦海中想著自己全身的比例、想打扮的風格，嘗試全力運轉右腦來思考一下。

「今天就做白色系穿搭吧」「今天見客戶，所以要打扮成可靠的樣子」也可以像這樣以顏色爲主，或是決定主題後再挑選穿搭的單品。

這樣不僅可以活化視覺系統，也能活化思考系統腦區，在右腦裡建構出新的網路。

觀察天空、判斷天氣

現在是可以在網路上即時查詢雨雲狀況和動向的時代了。

但，如果只是不分青紅皂白接收所有接觸到的資訊，就無法驅動右腦。

一天一次就好，大家都到室外抬頭看看天空吧。

第一章81頁提過可以在被窩裡推測天氣，不過在這裡要實際仔細觀察天空和陽光的強弱再判斷。

這樣反覆下來，經驗就會不斷累積，不只是鍛鍊到視覺系統腦區，也能

鍛鍊理解系統和記憶系統腦區。

然後，要試著像這樣預測天氣：

「出現一團團雲層，應該會下陣雨吧。」

「夕陽不太清楚，明天可能是陰天。」

除了眼睛所見的狀況以外，也要全力活用所有感官，感受天氣的變化：

「風有點潮濕，天氣變糟了嗎？」

「聽到青蛙在叫，會下雨嗎？」

如此不僅能夠鍛鍊整個右腦，也能強化「觀察」和「推測」的網路連結。

◆強化觀察和推測的網路

而且，只要培養出觀察天氣的能力，就算不看氣象預報，也能夠做出「今天天應該不必帶傘」「雨再這樣繼續下，河水會暴漲吧？」這些保護自己的判斷。

靠自己親眼所見、親身感受來決定採取什麼行動，就不會受到社會上氾濫的資訊迷惑，漸漸能夠做出對於以直覺爲中心的自己最好的決定。

專欄

小孩最好要矯正成右撇子嗎？

家中小孩是左撇子的家長經常問我：「是不是要讓孩子學會用右手比較好？」

我的想法是「不必勉強變成右撇子」。

我是依照自己的意願，從四歲開始用右手學習寫字，但我的二兒子就是直接維持左撇子的狀態長大。

我妹妹的大兒子也是維持左撇子的狀態長大，現在當了醫生。

當然，增加使用右手的機會，刺激兩側腦部的緩衝思考也會增加，可以同時強力培育右腦和左腦。

我也經常建議自己的孩子多多使用右手。

但是，小孩其實有個多多運用右手的最佳開始時機。

那就是十歲，在小學四年級以後。

因為兒童的腦部是先從右腦開始成長，之後具備語言能力的左腦才會發達起來，而兩者會在這個時期達到發展平衡。

如果在孩子還太小的時候就要求他矯正成右撇子，腦內會太早建構新的迴路，可能會造成腦內發育混亂。

我本身也在小時候搞不清楚左右，還會出現口吃。

應當先慢慢建構起腦部的基本機制，之後再學著運用右手來刺激左腦。

從腦部的運作機制來看，開始學習外語的年齡也適用於相同的道理。

在孩子已經奠定好母語基礎的十歲以後，再讓他開始學外語，才能將他培育成兩種語言都真正精通的雙語人士。

第四章
成爲「最強左撇子」

我的「音韻障礙」是多運用左腦才得以改善

左撇子即使無法靈活運用右手，也能生存在「右撇子優勢的社會」。

而且，**只要能夠將左撇子具備的獨特潛力發揮到最大限度，左撇子就能成為社會上的佼佼者**。

為了達到這個目標，最有效的就是鍛鍊左腦。

我也是在有意識地開始鍛鍊左腦後，才明顯展現出自己的能力，所以我想在這最後一章，讓所有左撇子都了解這個事實。

現在的我已經寫過將近一百本書、約一百篇英語論文，還會舉辦演講；但是，我小時候卻患有閱讀困難的音韻障礙。

閱讀文字，乍看之下是非常單純的動作。

但這個動作在腦內卻是經歷了超乎想像的複雜過程。

首先，左腦的視覺系統腦區會追逐文字，將每一個字統整連貫，並且用聽覺系統腦區聽取已轉換成聲音的腦內語言，再與左腦的記憶系統腦區裡記住的詞語意義連結起來，才能夠理解文章的含義。

我在聽覺系統腦區的資訊處理上有困難，無法在腦內讓詞語發出聲音，所以沒辦法流暢地閱讀國語課本。

換言之，相對於實際講出口的外在語言，我的內在語言能力一直都沒有成熟。

但是，我在四歲時非常討厭自己的右手無法任意運用，於是開始主動用右手學習寫字，才慢慢訓練到可以使用右手。

事後回想起來，就是我當時開始使用右手、不斷扎實地刺激左腦，原本國語和英語成績慘不忍睹的我，才能成功考上醫學系、成爲腦內科醫師，爲病患解決煩惱、幫助他們過著充滿歡笑的生活。

◆閱讀文字的腦

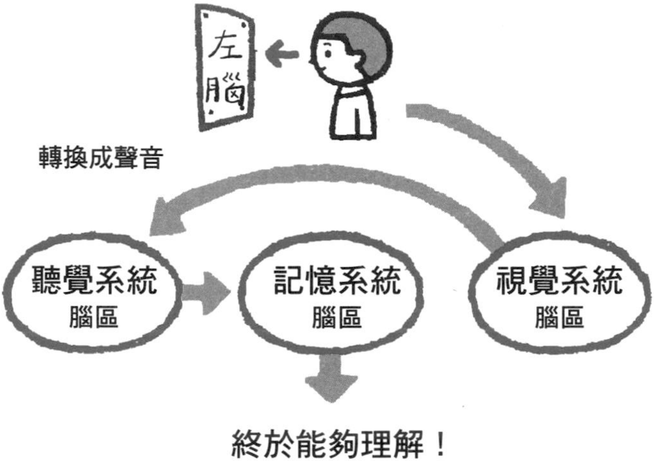

即便不是像我這種「音韻障礙」，也依然有很多左撇子因爲「無法即時說出想說的話」而感到自卑吧。若要解決左撇子的這個煩惱，以及充分激發腦力，最有效果的就是鍛鍊左腦。

比較右手和左手能做的事

我希望左撇子能夠更主動多運用右手。

其中一個重要理由，就是**使用右手可以刺激左腦**。

還有另一個理由，是**使用右手可以獲得「比較事物再加以思考」所需的資訊**。

左撇子使用右手，可以比較左手和右手在做「某事」時可以做到「什麼程度」。

實際上，比較並思考一件事可以做到什麼程度，能夠提升思考能力。

而且，只要養成先比較具體的資訊再思考事物的習慣，凡事就都能夠依照證據行動。

換句話說，就是**能夠建構出在所有場面下，都能做出正確判斷的腦部機制**。

最重要的是，所謂的比較，對象並不是自己的右手和「右撇子能做的事」。

這就像是拿自己的棒球打擊技巧和職棒選手比較一樣，永遠都追不上對方，只會加重自卑感而已。

要比較的是自己的左手和右手各自能做到的事，並且慢慢增加右手也能做到的事。

我總是在比較自己兩手各自能做到的事，同時多加運用右手來鍛鍊左腦。

而且，我也會比較自己左手的實力和右撇子右手的實力，經常思考「這個部分我可能比不上右撇子，應該怎麼改善才好呢」。

此外，就算左手的實力與拿來比較的右撇子程度相當，我也會覺得「我也可以用右手做到這件事，所以我比較強吧」，以這種方式激勵自己向前邁進。

越是無法隨心所欲，人的能力才越能發揮

我看到某項實驗的結果時，便確定了左撇子隱藏著非常大的潛力。

那項實驗就是105頁提過的，用MRI影像分析收聽廣播節目和腦部成長的關係。

實驗的內容是請受試者每天聽二小時以上的廣播，比較他們一個月後和實驗前的腦部狀態差異。〔注13〕

我們聽到別人說話時，會先在聽覺系統腦區認識詞語，再於理解系統腦區理解含義，然後由思考系統腦區下判斷，透過傳達系統和運動系統腦區採取實際的表達或行動。

聽到詞語、刺激左腦的聽覺系統，也能活化理解系統、情感系統等左腦

的其他腦區。

我原本的推測是，養成聽廣播的習慣後，左腦的聽覺系統應該會更加發達，而與之相關的理解系統、傳達系統也會一併運作。

然而**實際上，幾乎所有持續聽廣播的人，都是右腦的記憶系統腦區更加發達**，這是我在實驗前想都沒想過的結果。

爲什麼只是聽到廣播傳出的詞語，右腦的記憶系統腦區就會活化呢？

右腦的記憶系統腦區，與圖像記憶息息相關。

由此可見，**人在聽見廣播的聲音時，也會驅動右腦的記憶系統，讓各式各樣的圖像浮現在腦中，彌補不足的資訊並樂在其中**。

我的想法是，當人將輸入腦部的資訊來源鎖定在只有「語言」一種時，就像聽廣播一樣，腦內會自動補足缺乏的部分再好好享受。

人類處於限制越多的環境，越能激發創意的巧思、發揮高度能力。

◆有所侷限的環境才能提升能力

左撇子也在右撇子社會裡，同樣遇到很多「不是右撇子就做不到的事」，於是不停地轉動腦筋思考，想要更接近完成的形式。

我相信這個動作在暗中強化了左撇子的能力，剩下的就只有「發揮這股力量」了。

超越時代的人氣藝術家都能夠運用兩腦

專爲一九七〇年大阪萬國博覽會建造、由岡本太郎所設計的太陽之塔，在五十年後的現在看來，依然散發出強健的活力，而且展現出串連過去、現在和未來的人類進化的感覺，是一件非常出色的作品。

其他像是畢卡索的畫作、莫札特的鋼琴協奏曲等優秀的藝術傑作，也都能夠超越時代、持續受到世界各地的人喜愛。

我總是在想，如此卓越的藝術家是否都有共同的用腦方法呢？

藝術必定蘊含著訊息，這股「想要傳達某種心思」的熱情，屬於右腦的守備範圍。

而負責將這股熱情轉化爲形式，正是左腦的任務。

也就是說，**充分運用兩側腦部，就能提高表現的精準度**。

比方說，假設我們要做盤子和陶壺。

陶瓷器的土料調配比例、燒製溫度的些微差異，都會大幅影響燒製出來的成品。若要不斷從錯誤中修正、直到做出理想的成果，除了需要右腦具備的熱情以外，也絕對少不了能夠冷靜分析失敗的原因、留待日後加以應用的左腦輔助。

經得起長久的時間考驗、深受人們喜愛的作品，都能夠掌握本質且歷久彌新。

正因如此，它才能超越時代和國境，傳承給更多人。

其中最大的重點**「掌握本質」，就是右腦的拿手絕活**。

右腦會依直覺感受到事物的本質。

左撇子常用左手，自然就會偏重培育右腦。

而且，只要更進一步活用左腦，就能夠做出鉅細靡遺、完成度非常高的作品。

利用左撇子和右撇子的分工合作來創造美好

我只要遇到和自己同樣都是左撇子的人，感覺就像是與孩提時代的朋友重逢一樣。

左撇子是少數，所以肯定有很多左撇子都會覺得「遇到左撇子眞開心」吧。

同樣身爲左撇子，彼此都能靠一句話想像出相同的情景，即使不必費心詳細解釋，也多半能夠互相理解。

「那樣做好好玩喔。」

「我懂，就是要那樣。」

「那個眞不錯呢。」

左撇子之間肯定也會產生這種熱烈的對話，聽在右撇子耳裡只會覺得「搞不清楚你們到底想說什麼」。

但是，左撇子出了社會以後，會遇上越來越多需要在會議中發言的場合，卻無論如何都無法只用簡潔的一句話交代清楚。

因此，我建議**左撇子在日常生活中刻意模仿、觀察右撇子的說話方式**。**如此一來，就能累積語言化的訓練經驗**。

左撇子和右撇子如果能夠互相涉入彼此擅長的領域，就可以營造出雙方都能盡情一展長才的環境了。

左撇子已活化的右腦內，雜亂無章地排列著各種資訊。

它不像左腦的資訊是一個個連接在一起、按照順序排列，而是所有資訊分散在四處。

因此，**左撇子能夠輕易瞬間取出腦中想起的資訊**。

◆分工合作、共同孕育佳作

也就是說，**左撇子很擅長出主意和腦力激盪**。

然而，如果是一群左撇子聚在一起，導向「具體該怎麼做」的行動能力一定會變弱。

所以，左撇子還是需要最擅長將腦中想到的點子具現化的右撇子幫助。

左撇子和右撇子分工合作，實現左撇子獨特創意的機率就能大幅提升，而右撇子也能採用這些只靠自己根本想不到的嶄新創意。

左撇子不是少數，而是天選之人

如果要說有什麼會妨礙左撇子過著充實的人生，那就是他們否定自己的心態。

和右撇子相比，左撇子會因爲說話沒有重點而覺得自己「腦筋很差」，或是因爲自己只會想在腦子裡卻常常做不到，便覺得自己「缺乏行動力」，感到自卑而不由自主低估了自己……

如果沒有這些煩惱，**左撇子在右撇子的社會裡就不再是十人當中只有一人的少數派，而是十人當中只會出現一人的天選之人**。

不過度低估自己的實力、成爲超強左撇子的方法，就是加倍運用左腦。

我以前也是這樣，**左撇子的煩惱無論如何都很容易流於感性**。

即使內心產生「不知道自己想做什麼」「是不是只有我遭受不合理的待遇？」這類疙瘩，如果我只是置之不理，腦中浮現的答案往往也會變得模糊不清。

因此，我這幾十年來，每次遇到在意的事情，就會特地用語言表述出來、寫進筆記本裡。

比方說，當我遇到感到心慌的事情時，就會把這件事寫在筆記本，並且捫心自問「爲什麼我有這種感覺」。

結果，我就漸漸能夠得到「因爲我以前遇過類似的場面」「可能是今天的身體狀況不好，不管什麼事都會覺得悲觀」等各種答案。

而且，煩惱的解決方法也會自然而然浮現出來，像是「不要再做和之前一樣的事」「今天就好好睡一覺，明天再想吧」等。

正因爲現在是個瞬息萬變的時代，所以這個世界更需要左撇子的構想力。

右撇子主要使用的**左腦，擅長詞語、計算，和邏輯性、分析性的「直列**

思考」，因此就是擺脫不了「過去」，無法激發出全新的思維。

另一方面，**右腦擅長的是各種資訊四處亂漂的「並列思考」，所以可以透過任意組合資訊，孕育出富有彈性的構想。**

也就是**在陷入瓶頸或發生危機時，可以輕易產生有助於打破僵局的新思維。**

在這個無法得知未來將會如何、情勢很有可能會徹底脫離常識的時代，我希望左撇子都能夠知道自己是社會正大力追求的人才。

鍛鍊左腦的腦部訓練

每天製作「待辦事項清單」

左撇子若要鍛鍊左腦，最重要的是習慣用言語表達腦中想到的事。

先在一天的開始，製作待辦事項清單吧。

早上整裝完畢以後，將當天需要做的事寫成清單，依時間順序排列。

製作清單的時間要固定在「十分鐘內」，努力在這段時間內做完。

分辨昨天和當日的狀況，把該做的事列入清單，然後想想在執行以前該做什麼準備，排列順序並且用詞語思考，可以集中運用左腦。

而待辦事項清單最好要在記事本裡的框格內，或是用固定大小的紙張寫下來。

在有某種程度的制約下進行明確的詞語彙整作業，有助於活化左腦的思考系統腦區。

寫日記

早上起床後做待辦事項清單的同時，我也建議在晚上就寢前寫日記。

寫日記也是一樣，不要用電腦或手機的筆記本功能，重點在於要特地寫在紙上。

用手拿筆書寫的動作，可以活化左腦的運動系統腦區和視覺系統腦區。

每天都要寫下當天的待辦事項、發生的事件、你對這件事的感想、明天起想要怎麼做等，想到什麼就寫什麼。

回想當天的遭遇，可以刺激記憶系統腦區。

而寫下的文章，要在隔天寫日記以前重新閱讀一遍。

如此一來，就能客觀地反省自己。

好比說：

「我老是在寫同一件事情啊。」

「這樣寫好像會讓人看不懂想表達什麼？」

只要花三分鐘就好，每天都要閱讀自己寫下的文章，思考一下「怎麼樣才能再寫得更簡單明瞭」。

這樣就能逐漸培養出更好的用字遣詞方法，以及敘述的先後順序。

而且，重複閱讀日記時，如果有意將新的知識或有趣的體驗「分享給別人」的話，可以試著用「該怎麼整理歸納才能讓人接受」的心態來寫看看。

只要這點工夫，就能同時刺激左腦的理解系統、傳達系統等多個腦區。

路途中要聽廣播節目

在通勤上班或是要去某個地方的路途中，不要只是盯著手機裡的社群網路和影片，偶爾也可以聽聽廣播節目。

其實，**不管用手機讀再多文章、看再多影片，都很難變成腦部的「體驗」**。

無論如何，我們都只是被動接收從手機獲得的資訊，所以對腦部的刺激非常少。

而且，拿著手機低頭盯著看，眼球根本不會轉動，視野還會變得狹隘。事實上在這種狀態下，對視覺系統腦區的刺激有限，大腦幾乎不會活化。

聽廣播節目、只透過耳朵傳入的詞語來理解事情，不僅可以驅動聽覺系統、理解系統，還有記憶系統腦區，這一點已經透過實驗結果證實了。

持續收聽廣播節目，有助於促進左腦腦區大幅成長。

我本身也想要挑戰廣播節目，從二〇二一年五月開始在 InterFM897 開設了個人廣播節目。希望各位讀者都來聽聽我的「大腦活性廣播 Dr. 加藤的大腦學校」，幫助強化腦區。

在部落格或社群網站發表意見

習慣寫待辦事項清單和日記以後，利用部落格或社群網站發表自己的想法，對於鍛鍊左腦也非常有效。

發表的內容可以是個人嗜好、工作方法，只要是自己感興趣的事物，就很容易持之以恆。

釐清自己想說的事、試圖正確傳達給不特定多數人，會讓左腦的思考系統和傳達系統腦區全力轉動起來。

左腦的思考系統腦區經過鍛鍊後，思考事物並做出決策、計畫的能力就會提升。

如此一來，「遲遲無法決定」「無法同時做好兩件以上的事」「事情做不完好累」等狀況都能得到改善。

活化傳達系統腦區，也會逐漸解決「話題無法延續」「被人嫌棄說話很難懂」等左撇子常有的煩惱。

學習外語

學習外國語言，可以說是讓左腦許多腦區複合性成長最有效的一個方法。

首先，記住單字的意義並回想的工作，會用到記憶系統腦區。接著需要驅動情感系統和思考系統來撰寫文章，再用運動系統腦區來書寫和說話。

爲自己想要表達的想法和心思排列順序並整理歸納、負責統括這些腦區的是傳達系統腦區。

即便只是利用文本自主學習，也會全力動用到左腦的這些腦區。

如果有機會直接向老師學習，鉅細靡遺地聆聽老師的一言一語，還可以

・活化聽覺系統腦區，而推察無法用言語解釋的細微語調差異時，也會動用到視覺系統腦區。

如果注重鍛鍊各個腦區來學習外語的話，

・**思考系統、傳達系統、運動系統　→用外語寫文章**
・**聽覺系統、視覺系統　→觀看外語影片和電影**
・**理解系統、視覺系統、傳達系統、記憶系統　→閱讀外語書籍和瀏覽外國網站**
・**情感系統、傳達系統、運動系統　→用外語說出富有情感的話**

這些能力都會有所進步。

我建議大家要刻意用自己「不擅長」的方法，挑戰不習慣的事物。這麼一來，就能刺激尚未發達的腦區，使左腦得以綜合發展下去。

專欄

左撇子才能勝任的工作是什麼？

我在這本書開頭，提到我是世界第一位可以用MRI腦部影像扎實診斷出腦中的長處、缺點，甚至是職業適性的腦內科醫師。

我想或許正因為我是左撇子，最後才能達到這個最適合我的職位。

我用腦部影像診斷患者時，經常聽到對方告訴我：「感覺好像你已經認識我幾十年、總是在關心我一樣。」

我花了好幾年、好幾十年的時間，才能夠從腦部細微的狀態差異，分辨出每一位患者的人生經驗和生活習慣。

我想這也是因為我身為左撇子，能夠瞬間掌握並理解所見之物的右腦已經活化，才能做到這種程度。

我猜，即便是在不同的領域，左撇子只要擁有自己的專業技能，應該都能輕易大顯身手吧。

左撇子若是按照固定的程序工作，總會不由自主地想著「這部分稍微換一下作法比較好吧？」「這裡應該是少了這個步驟」，腦中浮現出形形色色的點子。

也可以說，左撇子就是不擅長單純按表操課。

然而，左撇子的這些表現若是被當成「任性」或「自我中心」，工作就會越做越痛苦。

但是，這些點子都得來不易，所以左撇子要換個表達方式，別說「我覺得」，而是改說「這樣做大家都會更輕鬆」，以顧及整體利益的方式來發表意見，大家會比較容易接受。

即使是整理文件的工作，左撇子只要能成為「整理專家」，肯定能夠出頭天。

結語——左撇子和右撇子都應該了解腦部差異，人生才會順利

這本書專門針對左撇子，詳細解說了腦部的構造和機制。同樣身爲人類，卻有如此大的差異，不僅是右撇子，應該連左撇子本身也毫不知情吧。

能力的差異，絕不是由腦部的運作好壞來決定。腦部的原理、運用方法原本就因人而異，所以右撇子和左撇子可以發揮的才華當然不一樣。

我在這本書最想要告訴大家的是，除了左撇子的厲害之處外，還有「個

體差異是常態」這個事實。

不只是左撇子和右撇子，男性和女性、上司和下屬，甚至是同性之間，每一個人的個性都大不相同。

我至今已經爲一萬多人做過腦部影像診斷，從來沒有見過兩個腦部一模一樣的人。

即使「同樣是人類」「同樣是日本人」「上同一所學校」，或是「從事一樣的工作」，也未必所有人都會和自己看法相同、經由相同的過程付諸行動。

只要存在大家都不盡相同這個前提，我們就不會感到自卑，也不會反過來輕視他人，還會試圖了解其中的差異吧。

只要有這樣的心思，這世上大部分的人際關係問題，應該都能夠解決。

而人的思考、行動，都是從腦部開始。

透過腦科學的研究，證實人類的腦終其一生都會持續成長。

如果能夠了解自己的大腦、培養出可以如願發揮才能的腦力，肯定每個人都能夠邁向展現自我個性的豐富人生。

我衷心希望屬於社會中「少數派」的左撇子，能夠有效培育腦部、過著自己心目中的人生。

我認爲左撇子比右撇子更容易培養出觀察自我內在的能力。

觀察自我的能力，才是發展腦部的能力。

左撇子的危機就是人生最大的轉機。

但願本書能夠幫助身爲天選之人的左撇子讀者，讓他們的人生大幅躍進並充滿希望。

參考文獻

[1] Ghirlanda S, Vallortigara G. The evolution of brain lateralization: a game-theoretical analysis of population structure. Proc Biol Sci. 2004;271(1541):853-857. doi:10.1098/rspb.2003.2669

[2] McManus IC. Bryden MP. The genetics of hand- edness and cerebral lateralization. In Handbook of neuropsy- chology, vol. 6 (ed. I. Rapin & S. J. Segalowitz), pp. 115–144. 1992 Amsterdam: Elsevier.

[3] Knecht S, Dräger B, Deppe M, Bobe L, Lohmann H, Flöel A, Ringelstein EB, Henningsen H. Handedness and hemispheric language dominance in healthy humans. Brain. 2000;123 Pt 12:2512-8. doi: 10.1093/brain/123.12.2512. PMID: 11099452.

[4] Trinkaus E Churchill S E & Ruff C B Postcranial robusticity in Homo. II. humeral bilateral asymmetry and bone plasticity. Am. J. Phys. Anthropol. 1994; 93, 1-34. (doi:10. 1002/ajpa.1330930102)

[5] Fox, C. L. & Frayer, D. W. Non-dietary marks in the anterior dentition of the Krapina neanderthals. Int. J. Osteoarchaeol. 1997 7, 133-149. (doi:10.1002/(SICI)1099- 1212(199703)7:2!133::AID-OA326O3.0.CO;2-4)

[6] Dijksterhuis A, Bos MW, van der Leij A, van Baaren RB. Predicting soccer matches after unconscious and conscious thought as a function of expertise. Psychol Sci. 2009; 20(11):1381-7. doi: 10.1111/j.1467-9280.2009.02451.x.

[7] Babiloni C., Vecchio F., Cappa S., Pasqualetti P., Rossi S., Miniussi C. Functional frontoparietal connectivity during encoding and retrieval processes

follows HERA model. A high-resolution study. Brain Res. Bull. 2006;68:203-212. doi: 10.1016/j.brainresbull.2005.04.019.

[8] Siengthai B., Kritz-Silverstein D., Barrett-Connor E. Handedness and cognitive function in older men and women: A comparison of methods. J. Nutr. Health Aging. 2008;12:641-647.

[9] Propper R.E., Christman S.D., Phaneuf K.A. A mixed-handed advantage in episodic memory: A possible role of interhemispheric interaction. Mem. Cognit. 2005;33:751-757. doi: 10.3758/BF03195341.

[10] Loprinzi PD, Franklin J, Farris A, Ryu S. Handedness, Grip Strength, and Memory Function: Considerations by Biological Sex. Medicina (Kaunas). 2019;55(8):444. doi:10.3390/medicina55080444

[11] Damasio H, Grabowski TJ, Tranel D, Hichwa RD, Damasio AR A neural basis for lexical retrieval. Nature 1996; 380: 499–505.

[12] Choo AL, Chang SE, Zengin-Bolatkale H, Ambrose NG, Loucks TM. Corpus callosum morphology in children who stutter. J Commun Disord. 2012; 45(4):279-89. doi: 10.1016/j.jcomdis.2012.03.004.

[13] radiko 官方網站「全球首部紀實：持續聽廣播節目會促進腦部成長（大腦學校股份有限公司調查）」

Eurasian Publishing Group
圓神出版事業機構
用心與你對話．視野無限寬廣
如何出版社
Solutions Publishing
www.booklife.com.tw
reader@mail.eurasian.com.tw
Happy Learning 201

左撇子的隱形優勢：

看過上萬人腦部影像的名醫教你將天賦才華發揮到120%的關鍵

作　　者／加藤俊德
譯　　者／陳聖怡
發 行 人／簡志忠
出 版 者／如何出版社有限公司
地　　址／臺北市南京東路四段50號6樓之1
電　　話／（02）2579-6600．2579-8800．2570-3939
傳　　真／（02）2579-0338．2577-3220．2570-3636
總 編 輯／陳秋月
副總編輯／賴良珠
責任編輯／柳怡如
校　　對／柳怡如．丁予涵
美術編輯／李家宜
行銷企畫／陳禹伶．曾宜婷
印務統籌／劉鳳剛．高榮祥
監　　印／高榮祥
排　　版／陳采淇
經 銷 商／叩應股份有限公司
郵撥帳號／18707239
法律顧問／圓神出版事業機構法律顧問　蕭雄淋律師
印　　刷／祥峰印刷廠
2022年3月　初版
2024年2月　14刷

定價 320 元　　ISBN 978-986-136-615-9　

左撇子擁有異於右撇子的感性與獨特見解，連生活態度也與眾不同。
這些左撇子會產生的怪異感覺，都是源自腦部的結構不同。

——《左撇子的隱形優勢》

國家圖書館出版品預行編目資料

左撇子的隱形優勢：看過上萬人腦部影像的名醫教你將天賦才華發揮到120%的關鍵／加藤俊德 著；陳聖怡 譯.
-- 初版. -- 臺北市：如何出版社，2022.03
200 面；14.8×20.8 公分. --（Happy learning；201）
譯自：1万人の脳を見た名医が教えるすごい左利き：「選ばれた才能」を120%活かす方法
ISBN 978-986-136-615-9（平裝）
1.CST：左右腦理論 2.CST：神經生理學

394.91 111000288